成都市哲学社会科学规划研究项目（2021BS046）

西南交通大学第二轮研究生专著建设项目（SWJTU2020035）

微气候导向下的户外休憩景观研究

陈睿智 著

的

中国社会科学出版社

图书在版编目(CIP)数据

微气候导向下的户外休憩景观研究/陈睿智著. —北京：中国社会
科学出版社，2021.9
ISBN 978 - 7 - 5203 - 8847 - 4

Ⅰ.①微…　Ⅱ.①陈…　Ⅲ.①微气候—室外场地—景观设计—
研究　Ⅳ.①TU983

中国版本图书馆 CIP 数据核字(2021)第 157576 号

出 版 人	赵剑英	
责任编辑	陈肖静	
责任校对	刘　娟	
责任印制	戴　宽	

出　　版	中国社会科学出版社	
社　　址	北京鼓楼西大街甲 158 号	
邮　　编	100720	
网　　址	http://www.csspw.cn	
发 行 部	010 - 84083685	
门 市 部	010 - 84029450	
经　　销	新华书店及其他书店	

印　　刷	北京明恒达印务有限公司	
装　　订	廊坊市广阳区广增装订厂	
版　　次	2021 年 9 月第 1 版	
印　　次	2021 年 9 月第 1 次印刷	

开　　本	710×1000　1/16	
印　　张	14.25	
插　　页	2	
字　　数	169 千字	
定　　价	78.00 元	

凡购买中国社会科学出版社图书，如有质量问题请与本社营销中心联系调换
电话：010 - 84083683

目　录

前　言

　　按照统计的大气影响的平均状态和空间尺度，可将气候分为大气候和小气候两大类。其中，将较大地区范围内各地所具有的一般气候特点或带有共性的气候状况称为大气候（macroclimate），把小范围内因受各种局部因素影响而形成的具有和大气候不同特点的气候称为小气候。有学者根据下垫面构造特性影响范围的水平和垂直尺度以及时间尺度，将小气候又分为地区气候（local climate）和微气候（microclimate）。

　　当前，人类在短期内尚无力改变大范围的气候状况，但可根据不同气候范围内的气候特征，结合一定的生态气候设计策略，创造适应微气候的景观，提供高品质的人居环境。1973年，英国上议院特别委员会将休闲视为在实现社会福祉方面几乎与住房、医院和学校同等重要，作为休闲主要载体的休憩景观在昨天、今天和明天都是不可或缺、至关重要的。因此，适应微气候的休憩景观设计在环境设计中特别重要，正如奇普·沙利文在《庭院与气候》中所言：“我们的目标是建造一个美丽而又满足功能要求的被动微气候，来满足人们身体和灵魂的双重需要”。

　　现实是部分地区生态失衡，微气候恶化，气候宜人的户外休憩景观场所尤为稀少。少数户外休憩场地依靠机械设备调节微气候而吸引休憩者，表面上好像摆脱了微气候的限制，但为此付出高额账单：首先是经济账单，高额的制冷或增温费用，以及为了控制微气候所必需购买的复杂基础设施费用；其次是环境账单，增长的人均能源消费量和"碳"排放量，这与低碳和脱碳的生态环境建设背道而驰；再次是心理账单，休憩者更愿意选择自然舒适开敞环境而非人工干预环境。但在户外休憩景观设计中，适应微气候的设计还方兴未艾，最主要的原因：一是缺乏对休憩活动的微气候阈值的研究，导致设计者不知户外休憩空间中改善微气候到怎样的程度，即可吸引休憩者；二是缺乏对影响微气候关键性气候参数和改善微气候的关键性景观要素的研究，导致设计者不知道如何经济高效地营造微气候舒适的户外休憩景观。基于此，长期以来，户外休憩景观的设计建设中忽略休憩者的微气候需求，认为高温或寒冷等微气候不舒适情况下，户外无法休憩活动是正常的，无须探讨的。但是，低成本地改善和维护微气候舒适性，提供更适宜的交往与活动空间，相对延长炎热或寒冷季节户外休憩活动的时间和空间维度，正是城乡居民，特别是低收入群体的生活渴求，景观公正性即体现于此。因此，从微气候视角探讨户外休憩景观势在必行。

本书结合笔者对户外休憩景观微气候的研究和实践，针对湿热气候区户外休憩景观的微气候，从休憩者和景观要素角度进行了初步探讨，通过现场调研、实测、综合分析，试图提出一整套分析湿热气候区微气候与户外休憩活动相关性，微气候与户外景观要素内在相关性的科学研究方法和可行的实施路径，基于此方法和路径，结合软件模拟，进行了适应微气候的健康、高效、自然的户外休憩景观规划建设实践，并通过延续性回访反思实践。

相关研究成果可为适应微气候的户外休憩景观规划设计提供理论基础和技术借鉴，本书主要工作和突出贡献在于：

第一，构建了户外微气候舒适度综合指标评价方法，包括评价参数、评价指标和微气候舒适度等级划分，研究结果便于从空间上比较不同休憩空间的微气候舒适度，从时间上比较分析同一休憩空间的微气候舒适度变化，为休憩景观规划建设和管理提供依据。

第二，提出了户外休憩区域微气候区划的指标、方法，并以四川省为例，进行了户外空间微气候区划。研究结果为具体定量描述不同微气候区的具体气候地理范围，提供了参考依据，也为国内其他休憩区进行微气候区划提供理论依据和范例。

第三，分析研究微气候舒适度与户外休憩行为的相关性，针对夏热冬冷湿热区，提出户外休憩活动的微气候阈值：大众休憩者在夏季的微气候舒适度（WBGT 值）阈值是 <30℃；冬季，微气候舒适度（TS 值）阈值是 >2℃；老年人对冷相对更敏感，老年人冬季户外休憩的微气候阈值是：当 TS 值 <2.0℃ 时，老人无户外休憩活动，当 TS 值 ≥2.1℃ 时，老人户外休憩不受空间和时间限制；当 2.0℃ ≤TS 值 <2.1℃ 时，老人户外休憩主要适应风速和太阳辐射照度而选择休憩时间和休憩地点。研究结果利于从休憩者角度设计适应微气候需求的户外休憩景观。

第四，研究景观要素对微气候舒适度的影响机理和微气候参数之间的相互影响机理，针对夏热冬冷湿热气候区，识别了影响微气候舒适度的关键气候参数，和影响微气候的主要景观要素。研究结果为其他类型的气候区判断关键性微气候参数和探寻关键景观要素提供了方法和路径。

第五，以两个实证为例，研究改善乡村和城市微气候的休憩景观的设计实践。针对乡村发展和振兴需求，面向微气候，利用本土景观要素营造乡村休憩景观，是低成本、低碳、低技术的经济高效途径；针对城市建成环境，通过实测和软件模拟，探讨了疫情后时代，城市户外公共休憩空间营造微气候舒适环境的途径和方法。研究结果为城乡休憩景观规划提供技术、理论支持和案例借鉴。

从 2003 年开始接触户外休憩景观，到 2008 年结合微气候探讨户外休憩景观设计，至今已过多年，虽一直坚持，但对气候适应性的景观设计研究依然是门外汉，此书必然存在诸多不足之处，诚请各位读者不吝指正。

面对未来已来世界的易变性（Variability）、不确定性（Uncertainty）、复杂性（Complexity）、模糊性（ambiguity），我们期待怎样的休憩景观？在可持续景观的框架下，未来户外休憩景观应该具备微气候导向下的健康性、舒适性和高效性等特点。未来景观成为现实的道路固然漫长修远，但你我同路，勉励前行，未来可期！

陈睿智

2020 年末

第一章　湿热气候区微气候

本章导读： 首先讨论微气候的特征，基于此，研究了微气候舒适度的综合评估指标和评估方法，由此进行了微气候气候区划。

第一节　微气候

一　气候的定义

中国古代先民很早就关注气候，早在商代甲骨文中就有关于风、云、雨、雪等天气现象的记载。《礼记·月令》注曰："昔周公作时训，定二十四气，分七十二候，则气候之起，始于太昊，而定于周公也。"所谓"气候"，其中的"气"便指节气；"候"指时节。我国古代将 5 天划作一候，三候为一气，六气为一时，四时为一岁。气候一词的含义就体现在一年 24 气 72 候，各气各候表现有不同的自然特征。中国古代有关气候知识的积累与发展是与农业生产紧密联系的。

国外最先对气候有所认知的是古希腊，气候的英文"climate"源于希腊语"kλiμa"，原义指地球相对于太阳的角度①。

---

① ［美］诺伯特·莱希纳：《建筑师技术设计指南——采暖、降温、照明》，张利等译，中国建筑工业出版社 2004 年版，第 68 页。

古希腊人已认识到地球上不同地带、不同时期接收到的太阳光线的倾斜角度不同，接收到的太阳光能量不同，而产生了气候的差异。

《气象学与气候学》中，周淑贞先生认为气候指的是在太阳辐射、大气环流、下垫面性质和人类活动在长时间相互作用下，在某一时段内大量天气过程的综合。它不仅包括该地多年来经常发生的天气状况，而且包括某些年份偶尔出现的极端天气状况①。这是近代关于气候的经典定义。

气候是发展变化的，不存在绝对的定义或概念，应与特定的时期相联系。气候是指从月、年、十年、百年、千年甚至到数百万年的时间段内的天气平均统计状况，由某一时段（通常采用世界气象组织定义的 30 年时间段）的平均值及其变率来表征，主要反映一个地区的冷、暖、干、湿等基本特征②。这一定义从时空尺度阐述了气候的特征。

气候是以多种形式在不断地变化着的。世界各国气候学家以不同的方法不同地区、不同时期的气候进行分析，促进气候定义的日益完善。

二 气候的尺度

按照统计的大气影响的平均状态和空间尺度，可将气候分为大气候和小气候两大类。其中，将较大地区范围内各地所具有的一般气候特点或带有共性的气候状况称为大气候（macroclimate），

---

① 平岩：《寒地公共建筑形态的气候适应性设计研究》，硕士学位论文，哈尔滨工业大学，2007 年，第 10 页。
② 《第二次气候变化国家评估报告》编写组编著：《第二次气候变化国家评估报告》，科学出版社 2011 年版，第 7 页。

把小范围内因受各种局部因素影响而形成的具有和大气候不同特点的气候称为小气候。有学者根据下垫面构造特性影响范围的水平和垂直尺度以及时间尺度，将小气候又分为地区气候（local climate）和微气候（microclimate），界于大气候和地区气候中间的气候称为中气候（Meso-climate）。这样就形成了按照不同时空尺度的气候研究学范围，各种气候的水平和垂直尺度范围见表1-1。

表1-1 气候的时空尺度①②

气候范围	空间尺寸		时间范围
	水平范围（km）	垂直范围（km）	
大气候（全球气带）	2000	3—10	1—6 个月
中气候	500—1000	1—10	1—6 个月
地区气候	1—10	0.1—1	1—24 小时
微气候	0.1—1	0.001—0.1	24 小时内

三 微气候

（一）微气候的定义

随着现代气象学的发展，Landsburg③ 具体定义了微气候为地面边界层部分，其温度和湿度受地面植被、土壤和地形影响。刘念雄等④将微气候定义为由细小下垫面构造特性所决定的发生地表

---

① ［以］埃维特·埃雷尔、［以］戴维·珀尔穆特、［澳］特里·威廉森：《城市小气候——建筑之间的空间设计》，叶齐茂、倪晓晖译，中国建筑工业出版社2013年版，第19页。
② 刘念雄、秦佑国编著：《建筑热环境》，清华大学出版社2005年版，第46页。
③ J. K. , Pag, *Application of building climatology to the problems of housing and building for human settlements*, World Meteorological Organization，WMO-NO，1976：441.
④ 刘念雄、秦佑国编著：《建筑热环境》，清华大学出版社2005年版，第47页。

（一般指土壤表面）1.5—2.0m 大气层中的气候特点和气候变化，它对人的活动影响最大。Alan W. Meerow 和 Robert J. Black[1] 认为，微气候是指的小范围地方性区域的气候，其气候特征一致并可改善。M. Santamouris 和 D. Asimakopoulos[2] 对微气候给出定义："指在几公里特定区域内，由于气候的偏差形成的不同地块的小尺度气候形式。

关于微气候的表述不一，但相关定义都认可小尺度特征，即微气候是指一个有限区域内的气候状况。Landsburg 强调微气候的垂直小空间：是地面边界层部分。正因为微气候受地面植被、土壤和地形影响，所以 Alan W. Meerow 和 Robert J. Black 强调微气候的可改善性，M. Santamouris 等强调微气候的偏差性，刘念雄等强调微气候与人的活动息息相关，即影响人的体感舒适度。美国采暖、制冷与空调工程师学会（ASHRAE）[3] 从人的角度来定义热舒适度："在热环境中感到满意的状态。"

（二）微气候特征

相对其他尺度气候，微气候具有以下特征：

第一，微气候的小尺度是相对大气候和中气候而言的，这里的小尺度是指水平尺度从 100 米到 1 千米，垂直尺度从 1 米至 100 米之间。

第二，微气候是时空尺度内的客观物理热环境状态，但这

① Alan W. Meerow, Robert J. Black, Chapter9 of the Energy Information Handbook, Energy Information Document1028, a series of the Florida Energy Extension Service//Landscaping to Conserve Energy: A Guide to Microclimate Modification, Florida Cooperative Extension Service, Institute of Food and Agricultural Sciences, University of Florida. Revised: August, 1991.

② M. Santamouris, D. Asimakopoulos, *Passive Cooling of Buildings*, James & James, 1996.

③ John E. Oliver, *Climate and Man's Environment An Introduction to Applied Climatology*, John Wiley & Son's Inc, 1973: 195.

种热状态又可通过人在所处小尺度范围的气候环境中主观体感反映。

第三，微气候受植被、水体、道路、人工构筑物、地形、土壤、海拔等因素影响，在时空尺度上相对影响明显，能迅速被感知。

第四，微气候可采取相关技术、方法和措施改善。

户外微气候的研究探讨基于此特征的理解。

第二节　户外微气候评估

一　评估指标

根据不同尺度范围内的气候特征，结合一定的生态气候设计策略，创造适宜的微气候景观场所，提供健康舒适的人居环境，是景观规划设计的重要目标之一。微气候是由整体气候的一些局部因素，如地形、植被、地表状况以及建筑物结构形式的变化所形成的。人们接触到的是微气候，设计者实际上可以调整的也是微气候。

微气候营造的依据和标准是体感舒适度，舒适度包括多个方面：热舒适，视觉舒适以及嗅觉、听觉舒适，且往往含有历史、地理、文化、人种等综合因素，其中热舒适对人体影响最大。因此，微气候（热舒适度）评估成为研究重点。

户外微气候通过建立评估指标进行评估，分为三类：一是以客观环境物理指标进行评估，如 WBGT 指标，OUT-SET（室外标准有效温度）指标等；二是基于主观体感指标进行评估，如"Comfa"能量平衡指标，WCI（风冷指数）指标；三是将客观物理环境和主观体感结合进行评估。如 TS-Givoni 指标，RayMan 热环境评估指标等。

以下简述国内外几种主要评估指标。

（一）"Comfa" 能量平衡指标

1. 简介

由 Brown 和 Gillespie 提出[1]，计算人在户外环境中的能量平衡预测值（Budget），计算公式如下：

$$Budget = M + Rabs - Conv - Evap - Tremitted \qquad (1-1)$$

式中，Budget 为人体户外能量平衡值，M 为人体新陈代谢积累的能量，$Rabs$ 为人体吸收的太阳和陆地辐射热，$Conv$ 为由对流引起的体感热量散失，$Evap$ 为由呼吸或出汗蒸发引起的热量散失，$Tremitted$ 为人体辐射到陆地的热量。

预测值（Budget）为正时，人体吸收的热量大于失去的热量；为负时，人体吸收的热量小于失去的热量；为零时，人体吸收的热量等于失去的热量。人体舒适感与 Budget 值相关分为 5 个等级，见表 1-2。

表 1-2　　　　人体舒适感与能量平衡预测值关系[2]

预测值 B（W/m²）	B < -150	-150≤B < -50	-50≤B < 50	50≤B < 150	B≥150
舒适感	非常冷	冷	舒适	热	非常热

第一，人体新陈代谢积累的热量值（M）

人体产生新陈代谢所需的热量，并有两种方式通过新陈代谢利用（M*），一是呼吸散热和显热消耗，这是很小的一部分；二

[1] R. D. Brown, T. J. Gillespie, *Microclimate landscape design*, Wiley, New York, 1995.
[2] R. D. Brown, T. J. Gillespie, *Microclimate landscape design*, Wiley, New York, 1995.

是人体表面通过与外界的热对流、蒸发、辐射等方式失去的热量。人体参与各种活动时的新陈代谢每平方米皮肤积累的能量值见表1-3。

表1-3　　　　　　部分活动时的新陈代谢积累的热量值[①]

活动情况	热量值（w/m²）	活动情况	热量值（w/m²）	活动情况	热量值（w/m²）
睡觉	50	桌前办公或驾车	95	走（中速）（5.5km/h）	250
清醒、休息	60	站着轻松劳动	120	强烈运动，冲刺、短跑等	600
站、坐	90	慢走（4km/h）	180	—	—

第二，人体吸收的总辐射热（R_{abs}）

R_{abs}由两部分组成，一是人体吸收的太阳辐射热量（$Kabs$），二是人体吸收的陆地辐射热量（L_{abs}）。R_{abs}计算公式如下：

$$Rabs = (T + D + S + R)(1 - A) \qquad (1-2)$$

式中，T 为人体吸收的太阳直接辐射热；D 为人体吸收的太阳散射辐射热；S 为天空的散射光照到物体后反射到人体的辐射热；R 为太阳光照射地面后反射到人体的辐射热；A 为人体的反射率

Kabs 各指标要素计算如下：

$$T = \{[(K - K_d)/tan(e)]/\pi\}t \qquad (1-3)$$

式中，K 为水平板测得的总太阳辐射热；K_d 为太阳总散射热；t 为太阳与人之间，太阳通过植物或其他物体的透射率；e 为太阳仰角。

① R. D. Brown, T. J. Gillespie, *Microclimate landscape design*, Wiley, New York, 1995.

$$D = K_d \times SVF \qquad (1-4)$$

式中，K_d 为太阳总散射热；SVF 为视野中无遮挡的天空部分。

$$S = [K_d (1-SVF)] A_0 \qquad (1-5)$$

式中，A_0 为天空中物体的反射率。

$$R = K \times t \times Ag \qquad (1-6)$$

式中，K 为水平板测得的总太阳辐射热；t 为太阳与人之间，太阳通过植物或其他物体的透射率；Ag 为地面反射率。

Labs 计算公式如下：

$$\text{Labs} = \{[0.5 (V+F)] + (0.5 \times G)\} (1-A) \qquad (1-7)$$

式中，V 为天空辐射；F 为天空中的物体辐射；G 为地面辐射热；A 为人体反射率。各指标要素计算如下：

$$V = L \times SVF \qquad (1-8)$$

式中，SVF 为视野中无遮挡的天空部分；L 为陆地的辐射热，由以下公式计算：

$$L = [1.2 (05.67 \times 10^{-8}) Ta^4] - 171 \qquad (1-9)$$

式中，Ta 为空气温度。

$$F = [E_0 (5.67 \times 10^{-8}) T_0^4] (1-SVF) \qquad (1-10)$$

式中，T_0 为每一目标物体温度，E_0 为每一目标物的辐射率。

$$G = Eg (5.67 \times 10^{-8}) T_g^4 \qquad (1-11)$$

式中，T_g 为地面温度；Eg 为地面辐射率。

第三，露天中对流引起的体感热量散失（$Conv$）。

$$\text{Conv} = 1200 (Tc - Ta) / (r_t + r_c + r_a) \qquad (1-12)$$

式中，Tc 为人体体心温度；Ta 为空气温度；r_t 为人体热阻值；r_c 为服装热阻值；r_a 为皮肤热阻值，Tc、r_t、r_c 和 r_a 的计算公式分别如下：

$$Tc = 36.5 + (0.0043 \times M) \qquad (1-13)$$

$$r_t = -0.1M + 65 \qquad (1-14)$$

$$r_c = 0.17 (Re^n \times Pr^{0.33} \times K) \qquad (1-15)$$

$$r_a = rco [1 - (0.5 \times P^{0.4} \times W^{0.5})] \qquad (1-16)$$

式中，rco 为服装的保温值，不同服装的保温值与透气值见表 1-4；Re 为雷诺数，Pr 为普朗特数；W 为风速；K 为空气热散射率，P 为服装的透气值。

表 1-4　　　　部分服装组合的保温值和透气值[①]

服装组合	保温值（s/m）	透气值
T 恤衫、短裤、短袜/运动袜，跑鞋	50	175
T 恤衫、长裤、短袜、鞋/短靴	75	150
T 恤衫、长裤、短袜、风衣	100	100
衬衫、长裤、短袜、风衣、鞋	125	65
衬衫、长裤、短袜、鞋、毛衣	175	125
衬衫、长裤、短袜、鞋、毛衣、风衣	250	50

第四，呼吸或出汗蒸发引起的热损失（$Evap$）。

呼吸散热在新陈代谢中考虑，出汗散热分为通过皮肤的不可见散热（Ei）和通过出汗可见散热（Es），因此：

$$Evap = Ei + Es \qquad (1-17)$$

$$Es = 0.42 (M - 58) \qquad (1-18)$$

$$Ei = 5.24 \times 10^6 (q_s - q_a) / (r_{cv} + r_{av} + r_{tv}) \qquad (1-19)$$

式中，q_s 为皮肤温度下的饱和湿度，计算公式如下：

$$q_s = 0.6108 \{exp [(17.269 \times Ts) / (Ts + 237.3)]\}$$

$$(1-20)$$

[①]　R. D. Brown, T. J. Gillespie, *Microclimate landscape design*, Wiley, New York, 1995.

式中，q_a 为空气温度下的饱和湿度，和阴影下的空气温度（Ta）关系如下：

$$q_a = 0.6108 \left\{ exp \left[17.269 \times Ta) \ / \ (Ta + 237.3) \right] \right\}$$

$$(1 - 21)$$

式中，r_{cv}、r_{av} 和 r_{tv} 中的 "v" 表示水蒸气的热阻值。

第五，人体辐射到陆地的热量（Tremitted）。

由以下公式计算

$$Tremitted = 5.67 \times 10^{-8} \ (Ts + 273)^4 \qquad (1 - 22)$$

式中，Ts 为人体表面温度，计算公式：

$$Ts = \left[(Tc - Ta) \ / \ (r_t + r_c + r_a) \right] \times r_a + Ta \quad (1 - 23)$$

2. 简评

"Comfa" 能量平衡指标通过人在户外环境中的热量平衡值来评价户外微气候。人体增加的能量是人体新陈代谢积累的能量与人体吸收的太阳和陆地辐射热，人体失去的热量有对流引起的体感热量散失、呼吸或出汗蒸发引起的热损失和人体辐射到陆地的热量。两者之差值划分为 5 个舒适度级，以此评价户外微气候。从人体舒适度角度评价微气候，利于从使用者角度改善微气候。

（二）WBGT 指标

1. 简介

为减少美国军队户外训练的热伤亡事故，Yaglou 和 Minard[1] 通过修正有效温度 CET 的近似值，提出 WBGT 指标。将物理变量与个人变量分开，指标不包含个人因素的影响，只描述环境的

---

① 董靓：《街谷夏季热环境研究》，博士学位论文，重庆建筑工程学院，1992 年，第 10 页。

"冷热"程度，后来被美国职业安全与健康研究所选作评估炎热环境安全性的指标。现在，这一指标已被国际 ISO7243 标准体系认证，我国由当时的国家技术监督局采用 ISO 7243，根据我国实情做部分修改，在 1998 年印发了《热环境 根据 WBGT 指数（湿球黑球温度）对作业人员热负荷的评价》（GB/T 17244—1998）。此标准中，按卫生学要求将 ISO 7243 中的"瓦（W）"换算为"千卡（kcal）或千焦（KJ）"同时列出，并以代谢率表示，以排除性别、年龄、体重大小等因素产生的差别。平均能量代谢率计算方法，ISO 7243 中没有明确规定，其中的 WBGT 指数只根据体力作业强度不同规定了指数温度限值，在其基础上，将热环境评价标准分为四级，即好、中、差、很差。以 ISO7243 中规定的指数温度限值为"好"级，指数温度每增加 1℃，等级降低一级。

WBGT 指标的计算式为：

$$WBGT = 0.7Ts + 0.2Tg + 0.1Ta（有太阳直射）\quad (1-24)$$

或

$$WBGT = 0.7Ts + 0.3Tg（无太阳直射）\quad\quad (1-25)$$

式中，Ts 为空气自然湿球温度，单位为℃；Tg 为黑球温度，单位为℃；Ta 为空气干球温度，单位为℃。

同时，提出了 WBGT 指数评价标准（表 1-5）。

表 1-5 WBGT 指数评价标准

平均能量代谢率等级	WBGT 指数℃			
	好	中	差	很差
0	≤33	≤34	≤35	>35
1	≤30	≤31	≤32	>32
2	≤28	≤29	≤30	>30
3	≤26	≤27	≤28	>28

续表

平均能量代谢率 等级	WBGT 指数℃			
	好	中	差	很差
4	≤25	≤26	≤27	>27

资料来源：根据《热环境 根据 WBGT 指数（湿球黑球温度）对作业人员热负荷的评价》（GB/T 17244—1998）整理。

WBGT 作为室外热安全指标在我国得到应用，如作为奥运园区夏季室外热环境的安全性评价指标，还有华南理工大学张磊、孟庆林、赵立华等人在 2004 年夏季运用 WBGT 指标法研究广州地区庭院热环境[①]。

研究者发现在很多环境中，WBGT 指标的参数测试不方便且昂贵[②]，同时基于"模拟指导设计的思路"，国内外学者对 WGBT 指标的关联式进行研究。早期董靓博士通过建立湿球及黑球温度计与环境交换的数值模型，进行数值试验，分析各环境参数对 WGBT 的影响，整理出能从环境参数直接预测 WGBT 指标的关联式[③]：

$$WBGT = (0.8288Ta + 0.0613Tmr + 0.007377SR +$$
$$13.8297RH - 8.7284) \ V^{-0.0551} \qquad (1-26)$$

式中，Ta 为空气温度，单位为℃；Tmr 为环境平均辐射温度，单位为℃；SR 为太阳辐射照度，单位为 W/m^2；RH 为相对湿度，单位为 %；V 为风速，单位为 m/s，总相关系数 R 为 0.9858。

林波荣博士[④]通过热平衡分析，推导出如何通过环境参数

---

① 张磊、孟庆林、赵立华：《室外热环境评价指标湿球黑球温度简化计算模型》，《热带建筑》2007 年第 2 期。

② J. Brotherhood，What does the WBGT Index tell us：Is it a useful index of environmental heat stress? *Journal of Science and Medicine in Sport*，2014，18（Supplement 1）：page e60.

③ 董靓、陈启高：《户外热环境质量评价》，《环境科学研究》1995 年第 6 期。

④ 林波荣：《绿化对室外热环境影响的研究》，博士学位论文，清华大学，2004 年，第 115—126 页。

（空气温度、含湿量、平均辐射温度和空气风速）来准确计算湿黑球温度 WBGT 的方法，空气湿球温度可通过以下两个隐式方程求解得到：

$$d_{wet} = \frac{1.01 + 1.88 d_{dry}}{382.42 \ (647.3 - T_{wet})^{0.3163}} \ (T_{dry} - T_{wet}) \ + d_{dry}$$

$$(1-27)$$

$$T_{wet} = \frac{3816.44}{In \ (0.633/d_{wet} + 1) \ + 11.671} + 46.13 \quad (1-28)$$

式中，T_{wet}、T_{dry} 分别为空气湿球温度和干球温度，单位为℃；d_{wet}、d_{dry} 分别为湿球温度和干球温度对应下的空气绝对湿度，单位为%。

黑球热平衡的热平衡方程为：

$$\sigma\varepsilon \ (MRT_l^4 - T_g^4) \ - h_c \ (T_g - T_{dry}) \ + \Phi a_g = 0 \quad (1-29)$$

式中，$\sigma\varepsilon$ 为参数 ε 对应的常数；$MRTl$ 为平均辐射温度，单位为℃；h_c 为对流换热，单位为 W/m²；T_g 为黑球温度，单位为 k。

由此，得出 WGBT 指标的回归关联式：

$$WBGT = -4.781 + 0.814Ta + 12.305RH -$$

$$1.071V + 0.0498Tmr + 0.00685SR \quad (1-30)$$

式中，Ta 为空气温度，单位为℃；Tmr 为环境平均辐射温度，单位为℃；SR 为太阳辐射照度，单位为 W/m²；RH 为相对湿度，单位为 %；V 为风速，单位为 m/s。

张磊等认为 WBGT 与风速没有直接关系，通过 WBGT 与温度、相对湿度、太阳辐射的相关性分析和回归分析，利用林波荣等计算湿球温度和黑球温度的计算方法，得到 WBGT 指标的简化计算公式[1]：

---

[1] 董靓、陈启高：《户外热环境质量评价》，《环境科学研究》1995 年第 6 期。

$$WBGT = 1.157Ta + 17.425RH + 2.047 \times 10^{-3}SR - 20.550$$

$$(1-31)$$

式中，Ta 为空气温度，单位为℃；Tmr 为环境平均辐射温度，单位为℃；SR 为太阳辐射照度，单位为 W/m^2；RH 为相对湿度，单位为% 。

2. 简评

WBGT 是一个综合评价指标，该指标以客观的空气温度、太阳辐射照度、相对湿度、风速和环境辐射温度等物理参数综合计算环境微气候舒适度值，在一定程度上排除人为主观局限而客观反映户外人体热舒适度水平。

该指标利用室外环境的物理参数直接计算 WBGT，可结合模拟预测工具在规划设计阶段预测建成后的环境微气候舒适度。而且物理参数易于多测点测量，利于比较评价不同点的微气候舒适度。因此，WBGT 可作为室外热环境安全性的评价指标，也可作为热舒适性评价指标。

（三）TS-Givoni 指标

1. 简介

由 Givoni 和 Noguch[1] 经过多年、多处、多次（不同季节）实验提出，通过数学模型测定评估人体对环境气候反应。户外微气候体感舒适是影响户外活动的重要因素，因此从人的角度研究户外微气候舒适度。调查人对户外气候的感觉和测量户外微气候参数：阴影下的空气温度、太阳辐射、风速、相对湿度、在草坪和沥青路面分次测得的地表温度。通过受实验者的投票统计结合测量实验点的

---

① B. Givoni, M. Noguchi, Issues and Problems in Outdoor Comfort Research, In: Proceedings of the plea'2000 conference. Cambridge, UK: 2000.

微气候参数值，建立户外微气候（人体）舒适度回归方程：

$$TS = 1.7 + 0.1118 \times Ta + 0.0019 \times SR - 0.322 \times V -$$

$$0.0073 \times RH + 0.0054 \times ST \qquad (1-32)$$

式中，Ta 为阴影下的空气温度，单位为℃；SR 为太阳辐射照度，单位为 W/m^2；RH 为相对湿度，单位为 %；V 为风速，单位为 m/s；ST 为地表温度，单位为℃。总相关系数 R 为 0.8792。该指标已考虑了人在户外环境中的着衣习惯和适应气候的主动调节。

2. 简评

TS-Givoni 指标经过多年、多处、多次（不同季节）实验提出，是一个综合指标，考虑 5 个物理参数对环境微气候的综合影响。该指标根据人在户外体感舒适度（分为 7 个等级）和同期户外气候测量指标值，建立户外微气候（人体）舒适度回归方程。这种方法将人的主观舒适度感和客观物理参数（空气温度、太阳辐射、风速、相对湿度、地表温度）结合考虑，相对避免人为主观限制的基础上体现人本主义。这一指标提出后，被国外学者运用评价微气候舒适度①②。

二　户外微气候评估

（一）评估指标选取

采用 TS-Givoni 指标评估春秋季和冬季户外微气候，采用董靓博士提出 WBGT 指标评估夏季户外微气候。原因如下：

---

① B. Givonia, M. Noguchib, H. Saaronic, et al., Outdoor Comfort Research Issues, *Energy and Buildings*, 2003, 35（1）：77-86.

② N. Gaitani, G. Mihalakakou, M. Santamouris, On the use of bioclimatic architecture principles in order to improve thermal comfort conditions in outdoor spaces, *Building and Environment*, 2007, 1：317-324.

第一，"Comfa"能量平衡指标是以人（即参与实验的受试者）的主观感觉为标准。不同气候区和生活习惯不同的人，对环境的舒适感可能存在一定的差异。比如此方法中"呼吸或出汗蒸发引起的热损失""露天中对流引起的体感热量散失"等指标值，东西方人可能不一样。因此，源于西欧的"Comfa"指标未必适用于我国户外微气候评估。

第二，传统的WBGT计算式简单易行，现有的测量仪器也能实现户外多测点测量，但三球温度中的黑球温度缺乏历史数据，而不利于进行比较研究和长期的综合研究，并且WBGT指标是复合指标，不利于分析各环境要素对微气候要素的影响，也不利于分析各气候要素对微气候的影响。

第三，林波荣提出的WBGT计算式中包括户外外环境的长波辐射温度。在实测中，长波辐射温度是一个较难测得的参数，而在数值模拟中，长波辐射温度需要建立自定义程序进行计算。

第四，张磊等提出WBGT指标的简化计算公式中忽略微气候参数风。风影响户外温度和湿度，在湿热和干热气候区中是影响微气候的重要因子之一。在微气候舒适度评价时，忽略风要素不利于评估风的权重影响。

第五，WBGT关联式中的环境气象参数有范围，如 Ta 为 20—45℃，超出此范围计算获得的WBGT值不准确。因此，WBGT适宜评价夏季户外微气候热，而不适宜评价春秋季和冬季户外微气候。

第六，TS-Givoni指标中，湿度值会降低TS值。相关研究显示，干球温度在16℃—25℃时，相对湿度在30%—70%范围内变化对人体的热感觉影响不大，但干球温度大于29℃，相对湿度高于70%，则形成闷热感，令人不舒适，冬季湿度过大则产生湿冷感，同样令人不舒适①。夏季如果采用 TS 指标法评价景区微气候舒适度，在部分地区将会得到与实际不相符的结果。

（二）户外微气候舒适性分级

基于前述分析，根据国家热环境 WBGT 标准②和 TS-Givoni 指标的 TS 分级标准③，提出户外微气候舒适性分级（见表 1－6），考虑到户外活动场所的一般性活动，WBGT 指数评价标准选择平均能量代谢率等级为 1，即人在闲步（速度为 3.5km/h 以下）或类似劳动或运动的能量新陈代谢率。

表 1－6　　　　　　　　　　户外微气候舒适性分级

级别	评价指数	指标范围/℃	人体热舒适度
3	WBGT	WBGT > 32	很热
2	WBGT	31 < WBGT ≤ 32	较热
1	WBGT	30 < WBGT ≤ 31	热
0	WBGT/TS	WBGT ≤ 30 或 2 ≤ TS ≤ 5	舒适
−1	TS	TS < 2	冷
−2	TS	TS ≤ 1	较冷
−3	TS	TS ≤ 0	很冷

资料来源：根据国家热环境 WBGT 标准和 TS 分级标准整理。表中级别表示平均能量代谢率等级。着衣指数分别为：春秋季，长袖衬衣、夹克和长裤，着衣指数为 1.15；夏季，短袖、短裤（长裤），裙子，着衣指数为 0.65；冬季，长袖衬衣、毛衣、厚外套，着衣指数 1.67。

（三）评价参数

适应气候的户外设计目标是安全、舒适、健康、高效。由此，户外微气候分析评价的微气候参数如下：

---

① 刘念雄、秦佑国编著：《建筑热环境》，清华大学出版社 2005 年版，第 11 页。
② 国家技术监督局：《热环境根据 WBGT 指数（湿球黑球温度）对作业人员热负荷的评价（GB/T 17244—1998）》，中国标准出版社 1998 年版，第 3 页。
③ B. Givonia, M. Noguchib, H. Saaronic, et al., Outdoor Comfort Research Issues, *Energy and Buildings*, 2003, 35（1）: 77－86.

1. 气温（空气干球温度）

气温是指离地面 1.5 米高处的温度，单位以℃表示，保留一位有效小数。

2. 相对湿度

相对湿度是指离地面 1.5 米高度处水汽压与当时气温下的饱和水汽压之比，单位以%表示，取整数。

3. 风速

风速是指离地面 1.5 米处的风速，单位 m/s，保留一位有效小数。

4. 太阳辐射照度

物体表面在单位面积、单位时间所接收到的太阳辐射能，称为太阳辐射照度。不同地区在地面上受到的太阳辐射照度随当地的地理纬度、大气透明度和季节及时间的不同而变化。因此，太阳辐射照度考虑各季节主要朝向向上的太阳辐射照度，包括水平面总辐射照度和水平面散射辐射照度。计量单位为 W/m^2，取整数。

5. 地面温度

地面温度是直接与土壤表面接触的温度计所示温度。计量单位为℃，保留一位有效小数。

6. 气象参数的测量高度

按国际惯例，以上参数的测量高度即其定义高度[1]，即大部分人的户外活动高度。本文实测高度按定义高度。

国内气象站台的温度、湿度、太阳辐射照度等的测定高度均

---

① N. Gaitani, G. Mihalakakou, M. Santamouris, On the use of bioclimatic architecture principles in order to improve thermal comfort conditions in outdoor spaces, *Building and Environment*, 2007, 1: 317 - 324.

按定义高度，但风速是 10—12 米高度处风速。不同高度的风速不同，需要转换，后述。

（四）微气候评估在户外规划设计中的应用方式

结合微气候客观物理参数和人体热舒适感提出户外微气候的评价指标、评价参数和舒适度分级标准，为适应微气候的户外规划设计提供理论基础和参考依据。

第一，用于户外微气候区划研究中。根据气象台站典型气象年的典型日的逐时气象参数，运用 WBGT 指标和 TS 指标计算其微气候舒适度值，再结合分级标准和气象参数指标，即可进行户外微气候区划。不同的微气候区气候特征不同，利于根据微气候特征探讨不同设计策略。

第二，用于探讨使用者微气候阈值。通过实地监测气象参数，计算 WBGT 值和 TS 值，结合使用者体感舒适度问卷调查，探讨使用者微气候阈值，利于从使用者角度进行改善微气候环境的景观设计。

第三，可用于适应微气候的户外景观规划设计的全过程。规划设计前，运用微气候评价方法分析场地微气候状况，由此探讨适应微气候的景观规划设计策略；规划设计中运用评价方法结合计算机模拟探讨规划设计方案是否适应场地微气候；规划设计实施建设完成后，运用此方法评估场地微气候，由此评估场地景观是否需要进一步改善及提出改善方法。

第三节　户外微气候区划

一　早期国内外气候区划

世界各地的气候条件错综复杂，不同地域呈现出不同的气候特征。为了便于研究，气候学家把各地气候变化规律归纳起来，分门别类，加以简化，将全球气候划分为不同的气候类型。根据气候分类的原则，把一定区域划分成若干气候特征相似的区域即为气候分区。基于不同的角度，气候类型划分有多种方式，因此相应的气候分区也有多种划分方式①。

气候区划早在古希腊时期就已经开始，当时的哲学家亚里士多德以温度为依据，把全球化分为热带、亚热带、温带、亚寒带及寒带5个气候区②。

柯本博士③（德国物理学家）根据全球不同地区的纬度，结合地区的气候要素和动植物配置把全球化分为5大类气候区：赤道潮湿性气候区（A），干燥性气候区（B）、湿润性温和型气候区（C）、湿润性冷温型气候区（D）、极地气候区（E），气候区划更加客观。

在五大区的基础上，柯本又根据植物生存特征及地理区位进一步划分为12个小气候区，分别为：热带雨林气候特征、热带季风气候特征、热带草原特征、热带沙漠气候特征、热带稀疏草原气候特征、地中海气候特征、亚热带湿润性气候特征、海洋性西海岸气候特征、湿润性大陆气候特征、湿润性针叶林气候特征、苔原气候特征、极地冰原气候特征及山地气候特征。柯本根据地区温度、湿度和植物种类等因子，以植物多样性分布为主要特点

---

① 周巧：《适应湿热地区气候特征的病房楼设计研究》，硕士学位论文，华南理工大学，2012年，第10页。

② 陈飞：《建筑风环境——夏热冬冷气候区风环境研究与建筑节能设计》，中国建筑工业出版社2009年版，第26页。

③ 陈飞：《建筑风环境——夏热冬冷气候区风环境研究与建筑节能设计》，中国建筑工业出版社2009年版，第27页。

确定气候区划，真实反映各地区植物规律，利于各地区组织农业生产，缺点是忽略了各地区的地理特征，不能全面反映各地区的景观特征。

Klaus Doniels[1] 按照地域与气候的关系，划分为热带沙漠、热带草原、热带雨林、极地、地中海、大陆性气候区、亚热带气候区、阿尔卑斯气候区。这种划分法以地理区位条件因素作为衡量指标，表述方法过于简单，不能全面反映景观所在区域的气候条件和气候差异。各地区气候差异性是区域景观差异性形成的基础。

其他划分方法根据不同纬度和相对高度划分为低纬度气候区、中纬度气候区、高纬度气候区和高地气候。低纬度气候区划分为赤道多雨气候、热带海洋性气候、热带干湿季气候、热带季风气候、热带干旱与半干旱气候，中纬度气候有福热带干旱与半干旱气候、副热带季风气候、福热带湿润气候、福热带夏干气候、温带海洋性气候、温带季风气候、温带大陆湿润气候和温带干旱与半干旱气候，高纬度气候分为副极地大陆性气候、极地长寒气候和极地冰原气候[2]。

针对全球范围内的气候区划，每个气候区包含的范围较大。如果把柯本的气候区划完全照搬运用到中国，将出现从山东半岛到海南岛横跨多个纬度区却被划分为一个气候区的情况[3]。尺度过大不能真实准确地反映各地区气候及地形的差异性。因此，竺

---

① Klaus Daniels, *Low-tech*, *Light-tech*, *High-tech*, *Building in The Information Age*, Boston: Birkhauser Publishers, 1998: 46.
② 伍光和等：《自然地理学》，高等教育出版社 2000 年版，第 56 页。
③ 陈飞：《建筑风环境——夏热冬冷气候区风环境研究与建筑节能设计》，中国建筑工业出版社 2009 年版，第 30 页。

可桢借鉴柯本气候区划方法，增加了植物生长因素作为参考指标，把中国的气候划分为华南、华中、华北、东北、海南、华西、塞外草原、西北荒漠、新疆及西藏等十个气候分区。

二　行业气候区划

不同行业对气候区划的使用功能不同，使用形式不同。因此，国内不同行业，如农业、旅游行业和建筑业都出现气候分区的相关研究。

（一）农业气候分区

我国农业气候区划的研究是基于农业种植研究展开的。20 世纪 30 年代竺可桢最早提出了"中国气候区域论"，并且根据温度与降雨量将我国划分成为八大气候区域。1950 年我国的农业气候区划研究开始，1970 年，我国进行了第二次农业气候区划，在 20 世纪末中国气象局组织了全国 7 个省份的第三次农业气候区划工作[1]。

气候变化下新的农业区划研究应需出现，国内研究者综合应用"3S"技术，构建包括灾害指标、农作物产量指标、农作物品质指标等新的指标体系，研究尺度包括县域、省域、跨省到全国范围，研究对象以区域经济作物和主产农作物为主，研究数据大都源于气象数据[2][3]。

---

① 赵彤：《基于 GIS 的重庆市柑橘农业气候区划》，硕士学位论文，重庆师范大学，2018 年，第 3 页。

② 张波、胡家敏、谷晓平、古书鸿：《基于气候适宜度的贵州番茄精细化农业气候区划》，《北方园艺》2018 年第 2 期。

③ 张德有、李阳、王勇：《基于高筋含量的宁夏优质小麦农业气候区划》，《河北农业科学》2019 年第 4 期。

当前，国外关于农业气候区划研究已进一步细化到在相同特征气候参数指标下以差异化气候参数为区划指标进行农业气候区划，提出具体农产品种植计划。如在气温、无霜期等气候参数特征相同的情况下，针对干旱区以降水为区划指标，再进行气候区划，提出干旱气候下不同降水区中适应农业种植的雨水利用策略、供水策略①。

（二）旅游气候区划

气候是影响游客旅游目的地选择的重要因素，其他因素相同的情况下，游客偏好于气候舒适的旅游目的地②。

国内已有的旅游气候区划相关研究，从研究的空间范围分为三类：一是针对具体旅游景区的气候区划③；二是针对省级区域范围的气候区划④；三是跨省区域的气候区划⑤；四是针对国家区域的气候区划⑥。这些研究的共同点：利用气象数据资料，结合旅游气候指标，分析旅游气候特征，评价旅游气候的舒适性，由此将研究对象进行空间地理分区，根据旅游气候分区在时空尺度上分析各区的适宜旅游时间段和适宜旅游地。这些研究为旅游活动的季节性开发和旅游者合理安排出行提供参考依据。

①　R. B. , Miller, G. A. Fox. , A tool for drought planning in Oklahoma: Estimating and using drought-influenced flow exceedance curves, *Journal of Hydrology*: *Regional Studies*, 2017, 10（4）：35 –46.

②　马丽君：《中国典型城市旅游气候舒适度及其与客流量相关性分析》，博士学位论文，陕西师范大学，2012 年，第 115—116 页。

③　马乃孚、宋正满、杜荣：《神农架避暑疗养旅游综合气候区划探讨》，《华中师范大学学报》（自然科学版）1997 年第 4 期。

④　张秀美、杨前进、何志明等：《山东省旅游气候舒适度分析与区划》，《测绘科学》2014 年第 8 期。

⑤　兰琳：《流域的旅游气候舒适度及时空演变研究——以长江国际黄金旅游带为例》，硕士学位论文，华中师范大学，2016 年，第 31—37 页。

⑥　史正燕：《中国大陆旅游气候舒适度的空间格局及其演变》，硕士学位论文，华东师范大学，2016 年，第 48—58 页。

国外旅游气候区划已细化到针对具体旅游活动。以露营活动为例，建立露营气候指标，对露营地进行气候分区，探讨气候对露营活动的影响等①。

（三）建筑气候区划

我国建筑工程部在 1960 年第一次制定了《全国建筑气候分区初步区划》，1989 年中国建筑科学院与北京气象中心等又对该气候区划进行了修订，采用综合分析和主导因素相结合的原则把全国按两级区划标准进行分区。

1993 年建设部颁布的《建筑气候区划标准（GB 50178—93）》中提出建筑气候区划，它涉及的气候参数更多，适用范围更广。该标准以累年 1 月和 7 月的平均气温、7 月平均相对湿度作为主要指标，以年降水量、年日平均气温≤5℃和≥25℃的天数作为辅助指标，将全国划分为 7 个一级区，即 I、II、III、IV、V、VI、VII 区，在一级区内，又以 1 月、7 月平均气温、冻土性质、最大风速、年降水量等指标，划分成若干二级区，并提出相应的建筑基本要求和技术措施。

I 区：冬季漫长严寒，夏季短促凉爽，气温年较差较大，冻土期长，冻土深，积雪厚，日照较丰富，冬半年多大风，西部偏于干燥，东部偏于湿润。

II 区：冬季较长且寒冷干燥，夏季炎热湿润，降水量相对集中。春秋季短促，气温变化剧烈，春季雨雪稀少，多大风风沙天气，夏季多冰雹和雷暴。气温年较差大，日照丰富。

---

① Siyao Ma, Christopher A. Craig, Song Feng, The Camping Climate Index (CCI)：The development, validation, and application of a camping-sector tourism climate index, *Tourism Management*, 2020 (80)：104 – 105.

Ⅲ区：夏季闷热，冬季湿冷，气温日较差小。年降水量大，日照偏少。春末夏初为长江中下游地区的梅雨期，多阴雨天气，常有大雨和暴雨天气出现。沿海及长江中下游地区夏秋常受到热带风暴和台风袭击，易有暴雨天气。

Ⅳ区：夏季炎热，冬季温暖，湿度大，气温年较差和日较差均小，降雨量大，大陆沿海及台湾、海 南诸岛多热带风暴及台风袭击，常伴有狂风暴雨。太阳辐射强，日照丰富。

Ⅴ区：立体气候特征明显，大部分地区冬湿夏凉，干湿季节分明，常年有雷暴雨，多雾，气温年较差小，曰较差偏大，日照较强烈，部分地区冬季气温偏低。

Ⅵ区：常年气温偏低，气候 寒冷干燥，气温年较差小而日较差大，空气稀薄，透明度高，日照丰富强烈，冬季多西南大风冻土深，积雪厚，雨量多集中在夏季。

Ⅶ区：大部分地区冬季长而严寒，南疆盆地冬季寒冷。大部分地区夏季干热，吐鲁番盆地酷热。气温年较差和日较差均大。雨量稀少，气候干燥，冻土较深，积雪较厚，日照丰富强烈，风沙大。

同年，住房和城乡建设部颁布《民用建筑热工设计规范》（GB 50176—93）（以下简称规范）。规范针对建筑的防寒与防热要求，以最冷月1月的平均温度和最热月7月的平均温度为衡量参数，将我国划分为5个气候区。规范中分区的划定以最冷月1月的平均温度和最热月7月的平均温度为衡量参数，以此划分为严寒区、寒冷区、夏热冬冷区、夏热冬暖区、温和区五大气候区。其目的在于使民用建筑的热工设计与地区气候相适应，保证室内基本热环境要求，符合国家节能方针。

五个区的分区指标、气候特征和对建筑的基本要求如表1-7所示。

表 1 - 7 　　　　　　　　　民用建筑热工设计规范中的 5 个分区

分区名称	分区指标		设计要求
	主要指标	辅助指标	
严寒地区	最冷月平均温度 ≤ - 10℃	日平均温度≤5℃的天数≥145 天	必须充分满足冬季保温要求，一般可不考虑夏季防热。
寒冷地区	最冷月平均温度 ≤ 0—10℃	日平均温度≤5℃的天数 90—145 天	应满足冬季保温要求，部分地区兼顾夏季防热。
夏热冬冷地区	最冷月均温 0—10℃；最热月均温 25—30℃	日平均温度≤5℃的天数 0—90 天；日平均温度 ≥25℃的天数 49—110 天	必须满足夏季防热要求，适当兼顾冬季保温
夏热冬暖地区	最冷月均温 >10℃；最热月均温 25—29℃	日平均温度 >25℃的天数为 100—200 天	必须充分满足夏季防热要求，一般可不考虑冬季保温
温和地区	最冷月均温 0—13℃；最热月均温 18—25℃	日平均温度≤5℃的天数 0—90 天	部分地区应考虑冬季保温，一般可不考虑夏季防热

资料来源：根据《民用建筑热工设计规范》（GB 50176—93）整理。

建筑气候区划（一级区划）和建筑热工设计分区的划分标准是一致的，因此两者区划是互相兼容、基本一致，且都是大尺度的气候分区。

从户外景观规划设计角度，景观设计师更关注水平和垂直两个维度上的城市尺度气候，水平方向上，扬·盖尔将城市区域划分为三种气候尺度：①建筑物、树、道路、街道、庭院、花园等独立景观设计元素对气候影响的微观尺度（水平延伸距离小于100m）；②地形等景观特征对气候影响的地方尺度（范围为一到数千米）；③整个城市地区的天气和气候的宏观尺度（数十公里范围）①。使用者在具体场地中具体感知的是微观尺度气候，因此，进行微气候分区更利于从使用者角度进行户外微气候适应性设计。

---

① ［丹麦］扬·盖尔：《人性化的城市》，欧阳文、徐哲文译，中国建筑工业出版社2010 年版，第 168 页。

三　户外微气候区划

（一）微气候评价指标

如前所述，力求评价指标通用实际简明，选取董靓博士提出的 WBGT 指标评估户外夏季微气候，选取 Givoni 和 Noguchi 提出的 TS-Givoni 指标评估户外春秋和冬季微气候。因为 WBGT 指数应用的环境参数范围有一定限制性（如气温为 20—45℃），而我国大部分地区在冬季和春秋季的气温会低于 20℃，故用 WBGT 指数评价春秋季和冬季的微气候不合理。另外，研究显示，夏季室外空气干球温度大于 29℃、相对湿度高于 70%，则会形成闷热感，令人感到不舒适；冬季湿度过大则会产生湿冷感，同样令人感到不舒适[①]。因此，夏季如果采用 TS 标评价户外微气候，将会得到与实际不相符的结果。综上，研究采用 WBGT 指标评价夏季微气候，采用 TS-Givoni 指标评价春秋季和冬季微气候。

夏季微气候评价 WBGT 指标：

$$WBGT = (0.8288Ta + 0.0613Tmr + 0.007377SR$$
$$+ 13.8297RH - 8.7284) V^{-0.0551} \tag{1-26}$$

冬季和春秋季微气候评价 TS-Givoni 指标：

$$TS = 1.7 + 0.1118 \times Ta + 0.0019 \times SR - 0.322 \times$$
$$V - 0.0073 \times RH + 0.0054 \times ST \tag{1-32}$$

式中，Ta 为空气温度，单位为℃；SR 为太阳辐射照度，单位为 W/m^2；RH 为相对湿度，单位为%；V 为风速，单位为 m/s；ST 为地表温度，单位为℃。WBGT 指标的总相关系数 R 为 0.9858，

---

① 刘念雄、秦佑国编著：《建筑热环境》，清华大学出版社 2005 年版，第 46 页。

TS 指标的总相关系数 R 为 0.8792。

相关试验表明：评估夏季舒适度时，Tmr 对 WBGT 值的影响很小，实际计算时可简单取 $Tmr = Ta$，模型计算结果的平均相对误差仅为 0.04471，且绝对值仅增大 0.0045，分析可知这种简化处理方式可行[1]，本书研究过程中，以 Ta 替代 Tmr。

（二）微气候参数处理

1. 气象参数来源说明

为全面分析区域微气候特点，一般选取区域内 100 个气象台站近 30 年的实测气象数据作为研究基础。

WBGT 指标和 TS 指标中的气象参数是微气候参数，在户外微气候区划中如果仅依靠 1—2 年的实测参数并不能代表户外实际微气候状况。如果直接利用前述 40 年的逐日逐时气象参数计算 WB-GT 值和 TS 值，由于实际气象参数的随机性会造成微气候差别太大而无法比较。对此处理程序如下。

第一，确定典型气象年。建立数据库，通过计算前 15 年各气象站点的气象参数月均值而得到基准数据，以基准数据为标准，在后 15 年中寻找与基准数据各月最接近的月份而获得典型气象年数据。同一气象站点典型气象年的全年月均数可能是由不同年份组成的，如成都市（表 1 - 8）。

表 1-8　　　　　　　成都市典型气象年的月份组成

月份	1	2	3	4	5	6	7	8	9	10	11	12
选择年份	2010	2009	2006	2016	2018	2005	2013	2007	2013	2007	2008	2019

---

[1] 董靓、陈启高：《户外热环境质量评价》，《环境科学研究》1995 年第 6 期。

第二，确定典型气象日逐时气象数据。并非所有的气象台站都有一天 24 小时定时观测的历史数据，有些气象台站一天 24 小时定时观测历史数据，有些气象台站进行一天 4 次定时观测的历史数据，有些气象台站前期是每 4 小时观测记录一次，后期是 24 小时定时观测。如果典型气象年的"平均月"的被挑选年份已具备逐时观测数据，则其逐时气象数据为实测数据；若挑选年份不具备，参照中国气象局和清华大学建筑技术科学系提出的逐日数据生成逐时气象数据的方法①，计算挑选年份的气象逐日逐时气象参数。

第三，确定典型气象年四季典型气象日。按国外文献的研究方法②和中国气候气象特点，参照 WBGT 值和 TS 值，选取典型气象年四季典型气象日：夏季典型日（7 月 20 日）、冬季典型日（1 月 20 日）、春季典型日（3 月 21 日）和秋季典型日（9 月 21 日）

通过以上方式，使得评价选用的气象参数具有相对稳定性和说服力，也尽量缩小典型气象参数与微气候参数的差异。

2. 关于风速的说明

WBGT 指标和 TS-Givoni 指标中的风速是离地 1.5 米高处的风速，而我国气象台站监测的风速是离地 10—12 米高处的风速。在测算微气候值时，对于现场数据，可以用仪器测量，对于大量的历史数据，运用风切变指数公式进行换算。

在近地层中，风速随高度的变化而有显著的变化，造成这种

① 中国气象局气象信息中心气象资料室、清华大学建筑技术科学系：《中国建筑热环境分析专用气象数据集》，中国建筑工业出版社 2005 年版，第 30—43 页。

② N. Gaitani, G. Mihalakakou, M. Santamouris, On the use of bioclimatic architecture principles in order to improve thermal comfort conditions in outdoor spaces, *Building and Environment*, 2007, 1: 317–324.

变化的原因是地面的粗糙度和近地层的大气垂直稳定度。风切变指数表示风速在垂直于风向平面内的变化，其大小反映风速随高度增加的快慢。其值大表示风能随高度增加得快，风速梯度大；其值小表示风能随高度增加得慢，风速梯度小。其换算公式：

$$V_2 = V_1 \left(\frac{Z_2}{Z_1} \right)^a \qquad (1-33)$$

式中，α 为风切变指数；Z_1 为已知高度，m；Z_2 为变化后风速所在高度，m；V_1 为高度 Z_1 处的风速，m/s；V_2 为高度 Z_2 处的风速，m/s。

下垫面不同，α 取值不同。徐宝清等[1]通过对风切变指数计算方法的比选研究发现：风廓线拟合来计算风切变指数时，利用所有高度的数据得到了完整的风切变剖面线，拟合结果较为准确。龚玺等[2]分析不同下垫面、不同稳定度条件下地面到观测高度分别为10m、30m、50m、70m、100m 等不同高度的风切变指数变化情况，得到不同下垫面的 α 值出现频率。

由此，获得气象台站风速数据后，同类型下垫面直接引用 α 值，或通过风廓线拟合得到 α 值，由此计算得到离地面 1.5 米高处风速。

(三) 户外微气候区划指标

1. 户外微气候舒适度分级

基于前述分析，根据国家热环境 WBGT 标准[3]和 TS-Givoni 指

---

① 徐宝清、吴婷婷、李文慧：《风能风切变指数计算方法的比选研究》，《农业工程学报》2014 年第 16 期。

② 龚玺、朱蓉、李泽椿：《我国不同下垫面的近地层风切变指数研究》，《气象》2018 年第 9 期。

③ 国家技术监督局：《热环境根据 WBGT 指数（湿球黑球温度）对作业人员热负荷的评价（GB/T 17244—1998）》，中国标准出版社 1998 年版，第 3 页。

标的 *TS* 分级标准①，提出户外微气候舒适度分级，见前述表 1 - 6。考虑到户外活动场所的一般性活动，WBGT 指数评价标准选择平均能量代谢率等级为 1，即人在闲步（速度为 3.5km/h 以下）或类似劳动或运动的能量新陈代谢率。

2. 户外微气候区划指标

由空气温度、地面温度、湿度、风速和太阳辐射照度 5 种气候参数决定的人体感觉舒适的气候环境为舒适气候。选择这 5 种气象参数，按照前述微气候参数处理方法，将气象台站提供数据转换为典型气象年的四季典型气象日逐时微气候参数，借助 WBGT 指标和 TS-Givoni 指标，计算得到 WBGT 值和 TS 值。

根据微气候舒适性分级（表 1 - 6），将各地典型日的逐时的 WBGT 和 TS 值域时段作为主要一级区划指标，由此划分出一级微气候分区；参照建筑气候区划和农业气候区划指标，将湿度、温度作为辅助二级指标，在此基础上进一步进行二级微气候分区（表 1 - 9）。

表 1 - 9　　　　　　　　　　户外微气候区划指标

一级区	一级指标	二级区	二级指标
严寒区	最冷月典型日 TS 值 ≤0℃的时数为 8h 以上，并出现 TS 值 < -1℃的极端值；最热月典型日 WBGT 值 >20℃的时数小于 2 小时	寒湿型严寒区	年均相对湿度 >75%
		干寒型寒冷区	年均相对湿度 ≤60%

---

① B. Givonia, M. Noguchib, H. Saaronic, et al., Outdoor Comfort Research Issues, *Energy and Buildings*, 2003, 35 (1): 77 - 86.

一级区	一级指标	二级区	二级指标
寒冷区	最冷月典型日 TS 值 <1℃ 的时数为 8h 以上，并出现 TS 值 <0℃ 的极端值；最热月典型日 WBGT 值 >20℃ 的时数小于 4 小时	湿润型寒冷区	年均相对湿度 >70%
		干燥型寒冷区	年均相对湿度 ≤60%
湿热区	最冷月典型日 TS 值 >1℃、最热月典型日 WBGT 值 >31℃ 或更高的时数在 4h 以上，并出现 WBGT 值 >32℃ 的极端值；最热月平均相对湿度 ≥80%	夏热冬暖型湿热区	最冷月典型日 TS 值 ≥2℃ 的时数大于 8h；最冷月均温 >10℃
		夏热冬冷型湿热区	最冷月典型日 TS 值 ≥2℃ 的时数小于 4h，并出现 TS 值 <1℃ 的极端值；0℃ < 最冷月均温 <10℃
干热区	最冷月典型日 TS 值 >1℃、最热月典型日 WBGT 值 >31℃ 的时数在 4h 以上，并出现 WBGT 值 >32℃ 的极端值；年均相对湿度 ≤60%	夏热冬暖型干热区	最冷月典型日 TS 值 ≥2℃ 的时数大于 8h；最冷月均温 >10℃
		夏热冬冷型干热区	最冷月典型日 TS 值 >2℃ 的时数小于 4h，并出现 TS 值 <1℃ 的极端值；0℃ < 最冷月均温 <10℃
温和区	最冷月典型气象日 TS 值 >1℃；最热月典型气象日 WBGT 值 <31℃，夏凉冬暖	干爽型温和区	最冷月气温 ≥10℃，最热月气温 ≤26℃，年均相对湿度 ≤60%
		湿润型温和区	最冷月气温 ≥10℃，最热月气温 ≤26℃，年均相对湿度 >70%

四 户外微气候区划实例

(一) 四川省户外微气候区划

区划程序：

第一，在四川省域空间范围内均匀选择 100 个气象台站，获取空气温度、地面温度、湿度、风速和太阳辐射照度 5 个气象参数，近 30 年气象数据。

第二，按照 3.2 所述方法获得典型年每月逐日逐时的 5 个微气候参数数据。

第三，根据 WBGT 指标和 TS-Givoni 指标的平衡式计算典型年逐月逐日逐时的 WBGT 值和 TS 值。

第四，根据一级指标进行四川省域范围一级微气候分区。

第五，根据二级指标进行四川省域范围二级气候分区。

将四川省划分为 5 个气候区，即干冷型寒冷区、湿冷型寒冷区、夏热冬暖型湿热区、夏热冬冷型湿热区和干爽型温和区（见图 1-1）。

图 1-1　四川省户外微气候区划

（二）四川省户外微气候区划分析

1. 寒冷区

寒冷区包括阿坝和甘孜两个自治州所辖区域，微气候特点如下：

第一，冬季寒冷漫长，最冷月典型日 TS 值 <1℃的时数均为 8h 以上，并出现 TS 值 <0℃的极端值；最热月典型日 WBGT 值 > 20℃的时数不到 4 小时。

第二，太阳辐射度强度极高，极端值为 755.56W/m²，昼夜舒适度相差较大。

第三，风速对微气候舒适度影响很大，特别是在冬季，瞬时平均风速为 2m/s，若无太阳照射，TS 值均为 0℃左右，最低值为 −1.772℃，表明即使适应环境着衣，人体仍感到很寒冷。相反，若风速为 0m/s，同时有太阳照射，TS 值均可达到 3℃，最高值为 4.156℃，表明在适应环境的着衣指数情况下，人体感到舒适。

区域内景区又分为干燥型寒冷区和湿润性寒冷区，前者即四川西北部甘孜州所在区域，后者即四川北部阿坝州所在区域，主要区别是湿润性寒冷区湿度更大，特别是在冬季，会增加人体寒冷感。

2. 湿热区

湿热区包括绵阳、德阳、成都、乐山、眉山、雅安、宜宾、自贡、泸州、内江、资阳、遂宁、广安、达州、巴中、南充、广元等 17 个地级城市所辖区域。这一区域的景区气候特点是全年湿度较大，常年平均相对湿度接近或大于 80%，尤其是夏季高热高湿，相对湿度平均超过 80%。由此看出，此区域夏季高温高湿，冬季低温高湿，是人体热舒适度较差的主要因素之一。

根据 WBGT 值和 TS 值，参照最冷月和最热月平均气温，湿热区又可分为夏热冬冷型湿热区和夏热冬暖型湿热区。

夏热冬冷型湿热区包括成都、绵阳、乐山、眉山、雅安、广元等地区所辖区域和达州的万源及巴中的南江和通江所辖区域。冬暖夏热型湿热区包括泸州、宜宾、自贡、内江、广安、达州（万源除外）和巴中（南江、通江除外）等所辖区域。

风速和太阳辐射是区别这两个气候区的主要因素，简述如下。

冬季，夏热冬冷型湿热区通常有风，风力极端值可达到3m/s，而且此区域地处盆地中部，太阳辐射强度比夏热冬暖型湿热区低，如成都市户外最冷月典型日太阳辐射量最高仅为20.85W/m^2，而夏热冬暖型湿热区的宜宾最高值达到697.71W/m^2。因此，夏热冬冷型湿热区的最冷月典型日 TS 值 >2℃的时数不到4h，而夏热冬暖型湿热区最冷月典型日 TS 值≥2℃的时数均超过8h，TS 均值前者比后者低0.5℃—1.0℃。另外，夏热冬冷型湿热区 TS 值昼夜均差接近1℃，而夏热冬暖型湿热区 TS 值昼夜均差超过1℃。

夏季，夏热冬暖型湿热景区夏季白天通常有风，而夏热冬冷型湿热区白天大部分时间处于静风状态。因此，夏热冬冷型湿热区 WBGT 值昼夜均差大于10℃，而夏热冬暖型湿热区 WBGT 值均差小于10℃。这两个气候区的 WBGT 均值都接近30℃，而极端值均超过35℃，参照《热环境根据 WBGT 指数（湿球黑球温度）对作业人员热负荷的评价》（GB/T 17244—1998），即使是在休息状态下，体感热舒适度也是很差的。

总之，湿热区冬季和夏季的微气候均不舒适，而夏热冬冷型湿热区舒适度比夏热冬暖型湿热区还要差。

3. 温和区

温和区包括西昌和攀枝花所辖区域，这一区域的特点是夏无酷暑，冬无严寒，四季不分明，湿度小。为干爽型温和区。

该区域冬季相对湿度不高，平均在60%左右，日照强，是四川冬季太阳辐射度最高的区域，为四川盆地地区的2—3倍，且最冷月气温≥10℃。因此，冬季最冷月典型日TS均值接近2℃，且均值在2—5℃范围内的时段达到12h（分布在白天），说明在适应环境的着衣指数情况下，人体感到舒适，适宜开展室外活动，充足的阳光相对四川其他区域而言，极具吸引力。另外，该区域冬季不确定的强风可能会骤然降低人体热舒适度，南部表现得更为明显，因此南部地区的TS值日较差大于北部地区。

夏季，该区域最热月气温≤26℃，风速平均1—2m/s之间。因此，最热月大部分区域平均WBGT值在20—28℃范围内，人体感到舒适。该区域日照强，太阳辐射度高，静风时，WBGT值会骤然超过33℃，南部地区表现更为明显，因此，南部地区的WBGT值日较差也大于北部地区。

（三）户外微气候区划在户外景观规划设计中的应用方式

微气候区划研究主要应用于适应微气候的景观规划设计和户外休憩活动规划设计策略中。

第一，隶属不同微气候舒适区，适应地域气候的景观规划设计策略不同。

湿热区：既要考虑利于夏季通风、遮阳、减少太阳辐射热，又要考虑冬季利用太阳能、防止寒风侵袭；夏热冬暖型湿热气候区夏季应防辐射热，同时该区域还应防止灾害性天气破坏；此外，充分利用当地植物景观、水景观等遮阳降温，通风防风；同时宜多采用台地建筑防潮湿。

寒冷区：需要特别注意冬季防寒、防风，提高环境气候舒适度；建筑朝向宜为南北向，可以同时满足夏季遮阳和冬季日照的要求；控制通风；建筑体形系数和窗墙面积比例较小；加强保温。

温和区：冬季考虑防风，夏季考虑防辐射，对户外休憩群体更具吸引力。

第二，隶属不同微气候区，户外休憩活动应不同。从适应人体热舒适度角度，干冷区和湿冷区适宜夏季开展室外活动，夏热冬冷型湿热区和夏热冬暖型湿热区适宜春秋季开展户外活动，温和区则全年皆适宜开展户外外活动。

五　湿热气候区

(一) 湿热气候区

湿热气候即温热、潮湿气候①。英国学者斯欧克莱在《建筑环境科学手册》中首次提出湿热气候区，根据空气温度、湿度和太阳辐射等因素，将地球上的地域大致分为四种不同的气候类型区湿热气候区、干热气候区、温和气候区和寒冷气候区②。

湿热气候区位于赤道及赤道附近，包括我国长江中下游及其以南地区、东南亚、太平洋诸岛、澳大利亚北部、美国中南部和加勒比地区以及北非等大片地带③。我国湿热地区在地理上属于亚热带地区和边缘热带地区，占据的国土面积，涉及渝、

---

① 方小山：《亚热带郊野公园气候适应性设计》，中国建筑工业出版社 2019 年版，第 6 页。

② 王振：《夏热冬冷地区基于城市微气候的街区层峡气候适应性设计策略研究》，博士学位论文，华中科技大学，2008 年，第 4 页。

③ 周巧：《适应湿热地区气候特征的病房楼设计研究》，硕士学位论文，华南理工大学，2012 年，第 6 页。

粤、闽、湘、鄂、江、浙、皖以及四川盆地和黔贵部分地区等共 21 个省、直辖市、自治区。这一地区，拥有珠江三角洲和长江三角洲两大经济发达区域，生活在该地区的人口数量高达 7 亿之多，国内生产总值占全国的比例高达 65.4%，是一个人口密集、经济相对发达、城市化进程发展迅速的地区，热岛效应十分普遍[①]。

（二）夏热冬冷型湿热气候区

夏热冬暖型湿热气候区适应气候的户外设计重点是降温除湿，而夏热冬暖型湿热气候区气候特点更复杂，户外设计不仅要考虑夏季的降温除湿，还要应对冬季除湿保暖，设计难度相对更高，因此选择夏热冬冷型湿热区为研究对象，探讨夏热冬冷型湿热气候区户外微气候有着重要意义和现实迫切需求。

本章总结

本章总结了微气候特征，基于此，提出了微气候评估评价方法、评价指标和微气候分级的相应指标。由此，提出了微气候区划方法和指标体系。本章研究内容奠定了本书微气候研究的理论框架，为其他气候区划进行微气候研究提供了研究理论基础和研究方法。

一　微气候

微气候限于高度为 100m 以下的 1 公里水平范围内，与人的

---

① 李琼：《湿热地区规划设计因子对组团微气候的影响研究》，博士学位论文，华南理工大学，2012 年，第 1 页。

活动息息相关，微气候具备特征使其成为景观规划设计最关注的一种气候。正如奇普·沙利文认为的，景观设计的目标之一是建立一个美丽而又满足功能要求的被动微气候，来满足人们身体和灵魂的双重需要。[①] 人类尚无力改变大范围的气候状况，但可根据不同气候范围内的气候特征，结合一定的生态气候设计策略，创造适应微气候的景观，提供高品质的人居环境。

二　户外微气候评估

WBGT 是一个综合评价指标，该指标以客观物理参数综合计算环境微气候舒适度值，在一定程度上排除人为主观局限而反映户外人体舒适度水平。但 WBGT 环境参数有范围，适宜评价夏季户外微气候热舒适度，而不适宜评价春秋和冬季户外微气候舒适度。TS-Givoni 将人的主观舒适度感和客观物理参数（空气温度、太阳辐射、风速、相对湿度、地表温度）结合考虑，但夏季如果采用 TS 法评价景区微气候舒适度，在湿度较大地区将会得到与实际不相符的结果。

WBGT 指标和 TS-Givoni 指标是综合性指标，既是对热环境的客观评价，又考虑了人的热感受，不再是依据单一的气温、湿度等气象参数来评价热舒适度，评价的结果相对更完善，更实用。

选取董靓博士提出的 WBGT 指标计算夏季微气候舒适度值，选取 Givoni 和 Noguchi 提出的 TS-Givoni 指标计算景区春秋和冬季微气候舒适度值。在此基础上，根据国家热环境 WBGT 标准和 TS-Givoni 指标，提出户外微气候舒适度评价标准、评价参数和微

---

① ［美］奇普·沙利文：《庭园与气候》，沈浮、王志姗译，中国建筑工业出版社 2005 年版，第 3 页。

气候分级及相应指标。

三 户外微气候区划和夏热冬冷型湿热气候区

对于区域气候，现有的技术条件只能适应，但可利用景观技术调节微气候。因此，探讨微气候区划，既可根据微气候舒适度安排户外活动，还可利用景观维护或改善微气候，提供自然、健康、舒适、高效的户外活动环境。

基于微气候评价，结合微气候参数，提出户外微气候评价方法和评价指标体系，并以四川省为例，进行户外为微气候区划，即：将四川省划分为5个气候区，即干冷型寒冷区、湿冷型寒冷区、夏热冬暖型湿热区、夏热冬冷型湿热区和夏凉冬暖干爽型温和区，明确界定了微气候分区的地理范围。研究内容为国内外微气候分区提供了借鉴方法和路径。

从人口、经济状况、城市聚集角度，夏热冬暖型湿热气候区气候特点更复杂，适应气候和户外活动需求的景观设计难度相对更高，选择夏热冬冷型湿热区为研究对象更具有代表意义。

第二章 户外休憩活动与微气候

本章导读：针对户外休憩景观设计，首先要明确休憩者的户外选择，即：人们选择或不选择户外休憩的目的多样，微气候是其影响因素么？老年人冬季冷感相对更敏感，冬季老年人户外休憩活动受微气候影响么？本章选取冬冷夏热型湿热气候区户外休憩场地，进行微气候参数实测并评估微气候，结合同时段观测点休憩者人次数和休憩行为的观测记录及调查问卷的比较分析，探讨不同季节微气候对户外休憩活动的影响，针对老年人怕冷特征，专门讨论了老年人冬季户外休憩活动的微气候需求。通过系列探讨，得到不同季节户外休憩活的微气候阈值，微气候与户外休憩活动的关系。这一研究结果可从满足户外休憩者需求角度，为改善场地微气候的实践建设提供理论基础和技术指标。

第一节 理论基础和研究内容

一 勒温环境行为理论

勒温认为，每一心理事件的真正发生取决于人的心理诉求和环境，以公式表达[①]：

[①] ［德］库尔特·勒温：《拓扑心理学原理》，高觉夫译，商务印书馆2003年版，第14页。

$$B = f\ (PE) \qquad\qquad (2-1)$$

其中（P）等于人，（E）表示环境，B 表示人的行为，等于人与环境的函数。

这一理论代替了行为主义的刺激反应的原子论的公式，使人的行为和心理与环境用数学关系来表达。随后众多的实验研究在心理学各分支内逐渐显示这个双重关系，即科学的心理学，都应该讨论整个的情境，即人的诉求（愿望）和环境的状态。

不能否认人的心理情境的不稳定性，这即是人们认为难以用数学概念陈述心理生活空间的根本原因。生活空间确实存在发生强烈而迅速变化的可能，但研究数学的应用而言，某一情境中有一事件具有相当稳定的尺度（或发生突变），并经年不变，可一样处理①。

环境的事物对于人不是无关痛痒的。有些事物吸引人，具有引值（正的原子值），是人所愿意接近和取得的；有些事物拒绝人，具有拒值（负的原子值），是人所不愿意接受或拒绝的。这个一引一拒是与人的需要有关的。

户外休憩活动行为同样可以采用勒温的环境理论公式来表达。户外休憩活动行为取决于休憩愿望（目的）和休憩环境。吸引人去休憩场所并使之停留的环境要素具有引值，阻碍人去并使之离开的环境要素具有拒值。假如某人去某个休憩场所后马上又离开（不能确定离开原因），只要还有其他人进入或停留于此场所，我们就可以将离开的个体行为淡化，而将场所中其他人的休憩行为量化。

以勒温的环境行为理论为出发点，研究夏热冬冷型湿热湿热气候区的休憩行为与微气候关系，从人的角度探讨适宜休憩活动

---

① ［德］库尔特·勒温：《拓扑心理学原理》，高爵夫译，商务印书馆 2003 年版，第 61 页。

的微气候。

二 研究内容和研究对象

(一) 研究内容

户外场地有不同的景观要素和空间组合，选取不同的景观场所，采用实地观测、实地问卷调查的方法。即在不同的观测场所，测量场地的微气候参数，观测记录户外活动行为，同时调查问卷微气候场所中的热舒适度体感感，整理分析数据资料，研究不同景观场所中的户外活动与微气候的关系。

根据测量的气象参数，夏季采用 WBGT 指标，冬季采用 TS-Givoni 指标分析比较观测点微气候分析微气候与休憩行为的关系，结合问卷调查表分析影响人群户外停留或离开的主要因子及适宜户外活动的微气候阈值，结合体感舒适度分析微气候舒适度评价方法是否适宜。

(二) 研究对象

以典型冬冷夏热型湿热气候区城市——成都市为例，选择成都市杜甫草堂和百花潭公园作为研究对象。杜甫草堂主要讨论休憩场地微气候与户外活动的关系，百花潭公园主要讨论公共开放空间冬季微气候与老年人户外休憩活动的关系。

第二节 户外休憩场地微气候与休憩活动

一 观测内容

(一) 观测点

在杜甫草堂景区中选取了 5 个不同的景观场所进行观测（图

2－1），包括露天场所和有屋顶的临水场所、植物景观场所、露
天院落场所和有屋顶场所。观测点特征见表2－1。

1水槛；2石桥；3茅屋外院子；4楠木园休憩点；5万佛楼顶层

图2－1 杜甫草堂观测点位置

资料来源：根据杜甫草堂网站图片修改。

表2－1   杜甫草堂观测点情况

序号	观测点	观测点特征	观测点照片
1	水槛	水上覆顶木构开敞建筑，两边美人靠可坐。石板铺地，树木遮阴。夏季通风，冬季阻风。水中种植少量荷花，视野稍狭窄。休憩活动面积约45m²	
2	石桥	露天"之"字形石桥，跨水，水中种植荷花，石板铺地，低矮的桥栏杆可坐，无遮阴。休憩活动面积约45m²。临近梅苑	

续表

序号	观测点	观测点特征	观测点照片
3	茅屋外院子	"茅屋"外，院子大部分无遮阴，石板铺地，休憩活动面积约 45m²	
4	楠木园休憩点	楠木园内，石板铺地，观测地，夏季通风，冬季不阻风。植物有香樟、楠木、竹子等，大部分为落叶植物。园内有桌椅。休憩活动面积约为 45m²	
5	万佛楼顶层	观测点为景区最高处万佛楼顶楼走廊，可俯瞰整个景区风景及远处风景，走廊为半开放空间，可坐，木质建筑，石板铺地。每层均布展，休憩活动面积 45m²	

资料来源：根据观测情况整理，表中图片为自摄。

（二）观测工具

观测仪器采用 Kestrel4500 型手持气象站、DS-207 太阳能辐射测量照度计和 JTR04 黑球温度测试仪，观测之前已经过专门气象仪器检测单位校准。测试仪器及其主要参数如表 2-2 所示。同时通过拍照、摄像记录观测点的景观环境和休憩行为。

表 2-2　　　　　　　　测试仪器及主要参数

仪器名称	存储方式	存储时间间隔	参数	精度（误差范围）	测试范围	数据储存量	单位	数据输出
Kestrel4500 型手持气象站	手动或自动	1 秒—120 分钟，手动设置存储存频率	温度	±1.0	-45.0—125.0	按最小频率可存储 24 小时测量数据	℃	数据导出软件将观测数据输入电脑
			湿度	±3%	0.0—100.0		%	
			风速	±3%	0.0—60.0		m/s	

续表

仪器名称	存储方式	存储时间间隔	参数	精度(误差范围)	测试范围	数据储存量	单位	数据输出
DS－207太阳能辐射测量照度计	手动或自动	1秒—60分钟，手动设置储存频率	太阳辐射照度	±5	量测光源：所有可见光	2500组	W/m²	USB接口直接输入电脑
JTR04黑球温度测试仪	手动或自动	1—255分钟，手动设置储存频率	环境辐射温度	±0.5	1—120	2000组	℃	USB接口直接输入电脑

（三）观测时间

根据前述（第一章）研究得到的典型气象年气象参数（确定观测月份），结合天气预报（确定观测日期），选择春夏秋冬四季连续2天晴天后的连续3天晴天（表2－3）进行测量。选择连续晴天的原因是阴天和雨天由于太阳辐射照度和湿度等气象因子的变化可能会误判微气候对休憩活动的影响。每天观测时间：8：00—18：00（景区开放时间段）每10秒到5分钟仪器自动记录气象数据1次，每小时取平均值，连续观测3天，三天对应的整时段取平均值分析。

表2－3　　　　杜甫草堂休憩行为与微气候舒适度观测日期

选择目标	选择方法	观测日期	观测日期天气情况
春夏秋冬休憩行为与景区微气候舒适度的关系	根据典型气象年逐日气象参数确定测量月份和日期段，根据天气预报选择连续2天晴天后的连续3天晴天	2019年8月7日—9日	晴，无云
		2019年1月11日—13日	晴，极少量云
		2019年4月21—23日	晴，午后见少量云
		2019年10月5—7日	晴，少云

（四）数据来源和处理

1. 休憩人数

包括两类数据：一是观测日期进入杜甫草堂的休憩人数，通过景区售票窗口的门禁系统获得，二是观测点休憩人数变化，以休憩者对不同场所（微气候不同）的选择行为作"媒介"，应用环境行为学研究中的"行为注记"方法，对杜甫草堂中不同季节观测日期的不同时段的人流数和停留时间30分钟以上的人次数作统计和归纳。汇总在三天观测日期中杜甫草堂休憩人数和各观测点三天各时段的休憩人数和停留人次数。

2. 气象参数

采用 Kestrel4500 型手持气象站，DS－207 太阳能辐射测量照度计和 JTR04 黑球温度测试仪（表2－2），在同一时间段分别观测不同景观要素1.5米处的气象参数，夏季观测气象参数为：气温、环境辐射温度、相对湿度、太阳辐射照度和风速。春秋季观测气象参数为：气温、地表温度、太阳辐射照度、相对湿度和风速。按设定时间平均每5分钟仪器自动记录气象数据1次，每小时取平均值，连续观测3天，三天对应时段取整时平均值进行分析。

3. 现场调查

不同季节观测期内在景区内5个观测点采用询问记录法现场调查休憩者的热舒适度体感。体感舒适度分为4级：舒适、不舒适（冷或热）、较不舒适（较冷或较热）和很不舒适（很冷或很热），舒适级再细分为舒适、较舒适、很舒适，一共分为6级，这和微气候舒适性分级表（表1－6）相对应。每时段每观测点约询问15名休憩者，各季节连续询问3天，共询问5940人次休憩者，其中春秋季询问4950人次，夏季和冬季各询问2475人次。

4. 调查问卷

现场调查中随机选择休憩者发放调查问卷，每个观测点每天观测时间段内发放问卷 5 份，所有观测点共发放 3300 份，收回有效问卷 3300 份，有效率 100%，其中春秋季是 1650 份，夏季和冬季各是 825 份，主要是调查休憩者热舒适度体感和停留或离开休憩场地的主要原因。

二 观测结果

（一）休憩者空间分布

观测时间内，休憩者进入杜甫草堂各景点的流量及停留情况见表 2-4。在相同时间内，到达各观测点的休憩人流量不相同，结合观测点位置图（图 2-1）可判断原因大致如下：茅屋是杜甫草堂的核心景观，达到茅屋院子的休憩人数是最多的。其次是万佛楼，万佛楼是最高处，登万佛楼可俯瞰草堂全貌和远处景观，万佛楼顶层布展文物对休憩者有较大吸引力。再次为楠木园休憩点，此观测点虽不在核心景观区，但紧邻核心景观区，其植被丰富，供休憩的座椅齐备，对游览核心景观的游客有吸引力。石桥和水槛位在景区西面，离正门南大门较远，非核心景点集中区，除了后门（北门）进入的休憩者，从正门（南门）进入景区后到石桥和水槛的休憩人数不多。因此到达石桥和水槛的人次数相对较少。水槛比石桥更临近核心景点，通过水槛的休憩者比石桥稍多。

从在观测点停留 30 分钟以上的休憩人数来看，不同的季节，各观测点停留人次数与达到人次数并不成正比，不同季节差异显著。

根据勒温的环境行为理论，休憩者进入杜甫草堂的心理诉求是观赏美景（自然美景和人文美景），观测点的微气候环境是否满足心理诉求，通过对休憩者的调查进行分析。

表2-4　杜甫草堂景区观测期（连续3天）休憩者人数及各观测点空间分布

时间	景区	石桥		水槛		茅屋院子		楠木园休憩点		万佛楼（顶楼）	
	人次数	人次数	其中停留人次数	人次数	其中停留人次数	人次数	其中停留人次数	人次数	其中停留人次数	人次数	其中停留人次数
4月	6500	3100	350	2000	160	5500	650	4500	500	5000	720
10月	13500	6000	550	4500	195	10000	730	7500	670	9000	700
1月	4900	1050	135	2000	36	4300	760	1000	140	4000	280
8月	6300	2000	100	3600	1325	6600	160	5000	1000	6200	650
合计	31200	12150	1135	12100	1716	26400	2300	18000	2310	24200	2350

备注：各观测点停留人次数是观测点停留时间在30分钟以上的休憩者人次数。表中数据资料根据杜甫草堂提供数据和研究小组成员的实地观测数据整理。

（二）休憩者对观测点美感度评价

根据调查问卷（附录2-7）中的整理分析结果表明，选择景观最值得游览的观测点人次数和比率如图2-2所示。3000位休憩者参与选择，选择最值得游览的观测点频率大小依次为万佛楼（1212人次，占40.4%）＞茅屋院子（930人次，占31%）＞楠木园休憩点（396人次，占13.2%）＞石桥（264人次，占8.8%）＞水槛（198人次，占6.6%），说明从休憩者角度，5个观测点的景观美感度（满足休憩心理诉求）依次为万佛楼＞茅屋院子＞楠木园休憩点＞石桥＞水槛。

结合表2-4和图2-2可看出，到达观测点的总人次数与休憩者认可的景观美感度基本成正比，但景观的美感度与停留人次数从季节上看，相关度并不高。根据勒温的环境行为理论推测原因是：观测点的景观与休憩者心理诉求相适应，但观测点的环境舒适度在不同季节满足休憩活动需求度可能不同。因此，以下重点分析观测点微气候与休憩行为：分春秋季、夏季和冬季逐一分

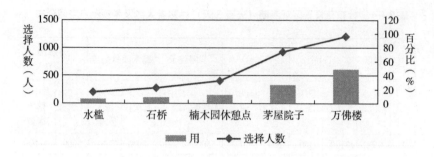

图2-2 杜甫草堂休憩区休憩者选择的最值得游览点情况

析其差异性。各季分别观测 3 天（表 2 - 2），每个季节各时段微气候舒适度值取均值。

三　春秋季微气候与休憩行为分析

（一）微气候与休憩行为

1. 微气候与休憩者停留人次数比较

为便于比较分析，春秋季取 6 天观测人数的 1/2 进行分析，（观测结果数据见附录 2 - 1），得到图 2 - 3，由此：5 个观测点中，3 天休憩者停留 20 分钟以上人次数多少依次为：万佛楼（710 人次）＞茅屋院子（690 人次）＞楠木园休憩点（585 人次）＞石桥（450 人次）＞水槛（178 人次）。从微气候舒适度（TS 值）的差异看，5 个观测点微气候舒适度（TS 值）均值大小比较：茅屋院子（3.00℃）＞石桥（2.81℃）＞万佛楼（2.77℃）＞楠木园休憩点（2.26℃）＞水槛（1.98℃）。微气候舒适度值与休憩停留人次数不成正比，即休憩停留总人次数与微气候舒适度均值相关性不高。

2. 微气候（TS 值）时间变化差异与停留人次数

如图 2 - 4 所示，5 个观测点中，相关系数 R^2 值分别为楠木园休憩点（0.4493）＞水槛（0.4092）＞万佛楼（0.2843）＞茅屋

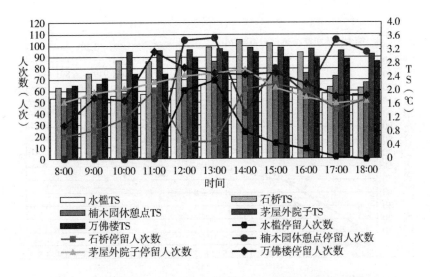

图 2 - 3　春秋季观测点微气候（TS 值）与休憩停留人次数比较

备注：万佛楼顶层同一时间不同朝向的 WBGT 值不同，选取 4 个朝向的均值。

外院子（0.2380）>石桥（0.0478），均低于 0.5，线性说明在一定的 TS 值范围内，春秋季各观测点休憩停留人次数与 TS 值的相关性低甚至于几乎不相关，即休憩者停留或离开观测点的主要因素可能不是微气候要素的影响。

3. 观测点休憩活动方式

休憩者在观测点停留 20 分钟以上在观测点及其周围（直径 30 米以内，后同。）的休憩活动情况如下（表 2 - 5）。从年龄看，有儿童、青年人、成人和老人。休憩活动形式多样：从活动状态看，既有静态也有动态休憩活动，有主动和被动休憩活动；从休憩活动性质看，有体育性、娱乐性、文化性、自然性等休憩活动。不同休憩者选择不同的休憩方式。不同时间段，同一休憩者在不同观测点或同一观测点休憩方式也多种多样。说明在微气候舒适环境中，休憩活动方式很丰富。

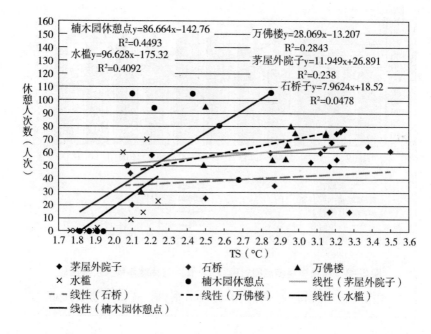

图 2-4 微气候（TS 值）与休憩点停留人次数相关性分析（春秋季）

表 2-5 杜甫草堂观测点休憩活动（春秋季）

观测对象	儿童、青年、中年人、老年人		
观测地点	石桥、水槛、楠木园休憩点、茅屋外院子、万佛楼顶层		
观测点休憩活动分类	休憩活动状态	静态休憩	观赏风景、观看他人、观看表演、观看展览、聊天、打牌、品茶、歇息
		动态休憩	散步、健行、慢跑、参与游戏、参与表演
		主动休憩	品茶、聊天、打牌、散步、健行、慢跑、参与游戏、参与表演、歇息
		被动休憩	观赏风景、观看他人、观看表演、观看展览
	休憩性质	体育性休憩	散步、健行、慢跑
		娱乐性休憩	打牌、参与游戏、参与表演、观看表演
		文化性休憩	观看展览
		自然性休憩	观赏风景

（二）原因分析

1. 观测点微气候的体感评价

根据现场调查，春秋季观测点休憩者的微气候体感评价结果见表2-6。春秋季，5个观测点大部分时段休憩者体感微气候宜人（TS>2℃）；覆盖场所早晚感到稍冷（1.8℃<TS<2℃），其余时间段微气候舒适度体感舒适（TS>2℃）。因此，休憩者在观测点的停留时间与微气候 TS 值不成正比，相关性关系并不密切。春秋季，观测点休憩者体感不舒适仅占全时段的10%，因此，休憩活动方式多样，不受微气候影响。

表2-6　　　　春秋季杜甫草堂观测点微气候体感评价

观测点	石桥			水槛			茅屋外院子	
时间	8时	9—16时	17—18时	8—11时	12—16时	17—18时	8—9时	10—18时
TS℃	2.6<TS<3	TS>3	2<TS<2.2	1.7<TS<1.8	2<TS<2.5	1.8<TS<2	2.9<TS<3	TS>3
评价结果	较舒适（90人次）	很舒适（720人次）	舒适（180人次）	不舒适（冷，354人次）较不舒适（较冷，6人次）	舒适（450人次）	不舒适（冷，180人次）	较舒适（180人次）	很舒适（810人次）
观测点	楠木园休憩点				万佛楼			
时间	8—11时	12时	13—16时	17—18时	8—10时	11—12时	13—14时	15—18时
TS℃	1.8<TS<2	2<TS<2.1	2.5<TS<3	2.2<TS<2.5	2.2<TS<2.5	2.5<TS<3	3<TS<5	2.7<TS<3
评价结果	不舒适（冷，350人次）较不舒适（较冷，10人次）	舒适（90人次）	较舒适（354人次），舒适（6人次）	较舒适（180人次）	舒适（270人次）	较舒适（176人次），舒适（4人次）	很舒适（180人次）	较舒适（360人次）

备注：表中数据源于询问。不同休憩者对环境微气候舒适度的敏感度不同，同一舒适度值区间，少数休憩者的体感不同。

以上分析可以从调查问卷中休憩者选择是否愿意在观测点停留20分钟的主要原因得到进一步证明。

2. 休憩者离开或停留观测点的原因分析

通过问卷调查整理分析（附录2-2），得到图2-5，休憩者选择在观测点停留20分钟以上的最主要原因：选择最多的是景观优美（754人次），其次是空气质量好（224人次）和享受阳光（53人次）；离开休憩点，不停留的最主要的原因：选择"其他休憩点景观更美"最多（324人次），其次是冷（269人次），而"气候舒适宜人"既不是休憩者选择离开也不是停留的主要原因。

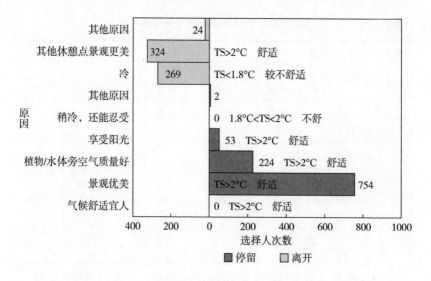

图2-5 春秋季休憩者在观测点选择停留或离开原因汇总

结合微气候体感调查表和观测点TS值可知：春秋季，当TS>2℃，体感舒适，整个场地休憩点的体感舒适度不是触发休憩活动的主要因素，环境中景观是否优美、空气是否清新要素是其首要考虑的。因此，景观美感度、空气质量成为休憩者选择停留或离开的主要因素。

早上少数休憩点，水槛和楠木园的 TS＜2℃ 时，体感冷，休憩者会离开转而选择微气候适宜的场所，这时微气候要素成为休憩者离开的主要因素。

总之，春秋季体感气候适宜，微气候体感舒适度与休憩活动的相关性不明显：休憩者选择休憩活动时，注重景观美感度、可赏性和空气质量，而忽略微气候舒适度。另一方面，舒适气候又增加休憩者对不舒适微气候的敏感度，休憩者体感稍不舒适，即不会在休憩点停留。

四 夏季微气候与休憩行为分析

（一）微气候与休憩行为

1. 微气候与休憩者停留人次数比较

夏季观测 3 天进行分析（观测结果数据见附录 2－3），得到图 2－6，由此：5 个观测点中，3 天休憩停留 30 分钟以上人次数多少依次为：水槛（1325 人次）＞楠木园休憩点（1000 人次）＞万佛楼顶层（650 人次）＞茅屋院子（160 人次）＞石桥（100 人次）。从微气候舒适度（WBGT 值）的差异看，5 个观测点微气候 WBGT 均值比较：水槛（25.4℃）＜楠木园休憩点（26.1℃）＜万佛楼（28.2℃）＜石桥（31.2℃）＜茅屋院子（33.6℃）。微气候舒适度与停留人次数基本成正比，即微气候舒适度好的观测点，休憩者停留人次数相对更多。

2. 微气候（WBGT 值）时间变化差异与停留人次数相关性分析

如图 2－7 所示，5 个观测点中，楠木园休憩点和水槛的休憩停留人次数与微气候舒适度（WBGT 值）成正比关系，R^2 均大于 0.7，说明在一定的 WBGT 值区间范围内，休憩停留人次数与微

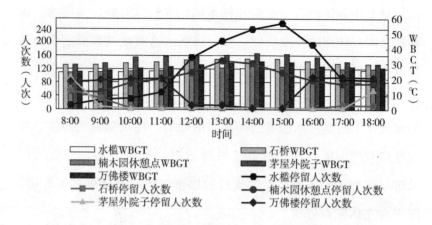

图2-6 夏季观测点微气候（WBGT值）与休憩停留人次数比较

备注：万佛楼顶层同一时间的不同风向的WBGT值不同，取值方式同春秋季。

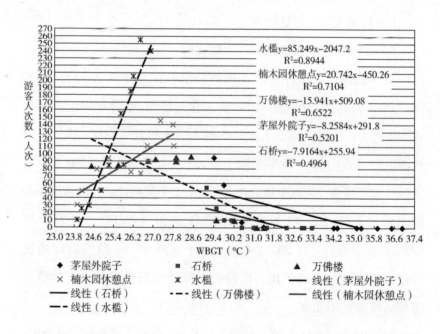

图2-7 夏季微气候（WBGT值）与休憩停留人次数相关性分析（夏季）

气候舒适度相关性较大。万佛楼、石桥和茅屋外院子3个观测点的休憩停留人次数与微气候舒适度成反比关系，万佛楼顶层 R^2

大于0.6，说明 WBGT 值越高，休憩停留人次数越少，而石桥和
茅屋外院子的 R^2 均小于0.6，说明在一定 WBGT 值范围内，休憩
停留人次数与 WBGT 值相关，但相关性不高。

3. 观测点休憩活动方式

在观测点停留30分钟以上的休憩活动情况如下（表2-7）。
游客从年龄看，有儿童、青年人、中年人和老年人。在观测点
的休憩活动形式多样，既有静态也有动态休憩活动，有主动和
被动休憩活动；从休憩活动性质看，有体育性、娱乐性、文化
性、研究性、自然性等休憩活动。不同的休憩者选择不同的休
憩方式。不同时间，同一休憩者在不同观测点或同一观测点休
憩方式也多种多样。但与春季相比，夏季以静态和运动量小的休
憩活动方式为主。

表2-7　　　　　　夏季杜甫草堂景区观测点休憩活动方式

观测对象		儿童、青年、中年人、老年人	
观测地点		石桥、水榭、楠木园休憩点、茅屋院子、万佛楼顶层	
观测休憩活动分类	休憩活动状态	静态休憩	观赏风景、观看他人、观看表演、观看展览、聊天、打牌、品茶、歇息
		动态休憩	散步
		主动休憩	品茶、聊天、打牌、散步、品茶、歇息
		被动休憩	观赏风景、观看他人、观看表演、观看展览
	休憩性质	体育性休憩	散步
		娱乐性休憩	打牌
		文化性休憩	观看展览
		自然性休憩	观赏风景

资料来源：根据实地观察整理。

（二）原因分析

1. 观测点休憩者的微气候体感评价

夏季休憩者对所在观测点微气候的体感评价结果见表2-8。

表 2-8　　　　　　　　　　　　　夏季观测点微气候体感评价

观测点	万佛楼					
时间	8—9时	10—11时	12时	13时	14—15时	16—18时
WBGT（℃）	WBGT<26	26<WBGT<27	29<WBGT<30	30<WBGT<31	31<WBGT<32	27<WBGT<28
评价结果	很舒适（90人次）	较舒适（90人次）	舒适（35人次）不舒适（10人次）	不舒适（40人次）较不舒适（5人次）	较不舒适（90人次）	较舒适（135人次）
观测点	石桥					
时间	8—9时	10—11时	12—15时	16时	17时	18时
WBGT（℃）	29<WBGT<30	30<WBGT≤31	WBGT>32	31<WBGT<32	30<WBGT<31	29<WBGT<30
评价结果	舒适（87人次）不舒适（3人次）	不舒适（86人次）较不舒适（4人次）	很不舒适（180人次）	较不舒适（88人次）不舒适（2人次）	不舒适（87人次）稍不舒适（3人次）	舒适（89人次）不舒适（1人次）
观测点	水槛			楠木园休憩点		
时间	8—12时	13—16时	17—18时	8—11时	12—18时	
WBGT（℃）	WBGT<26	26<WBGT<27	WBGT<26	WBGT<26	26<WBGT≤28	
评价结果	很舒适（225人次）	较舒适（180人次）	很舒适（90人次）	很舒适（180人次）	较舒适（315人次）	
观测点	茅屋外院子					
时间	8时	9时	10—16时	17时	18时	
WBGT（℃）	29<WBGT<30	30<WBGT<31	WBGT>32	31<WBGT<32	29<WBGT<30	
评价结果	舒适（44人次）稍不舒适（1人次）	不舒适（43人次）稍不舒适（2人次）	很不舒适（315人次）	较不舒适（45人次）	舒适（43人次）不舒适（2人次）	

　　备注：表中数据源于问卷调查表。不同休憩者对环境微气候舒适度的敏感度不同，同一舒适度值区间，少数休憩者的体感不同。
　　资料来源：根据观测整理。

将微气候舒适度值（WBGT）与休憩者评价比较分析：夏季，遮阴场所，太阳辐射弱时，休憩者微气候体感舒适（WBGT < 30℃）；无遮阴场所，早晚感到舒适（WBGT < 30℃），当观测点太阳辐射照度逐渐增强，WBGT 值 > 30℃，体感不舒适，休憩停留人次数急剧减少，WBGT 值 > 31℃，体感较不舒适，休憩者一般不会停留于场地，WBGT 值 > 32℃，体感很不舒适，无论场地是否满足休憩的景观需求和设施需求，休憩者都不停留于场地。所以楠木园休憩点和水槛微气候舒适，微气候舒适度与休憩停留人次数成正比，万佛楼、石桥和茅屋外院子的停留人次数与微气候舒适度则成反比，而石桥和茅屋外院子大部分时间段 WBGT 值 > 30℃，微气候舒适度与休憩停留人次数的相关性（R^2）低。夏季，休憩者在观测点体感舒适的时段仅占观测时段的 1/4，因此，休憩活动方式多以静态或活动量小的动态活动为主。这可以从调查问卷中休憩者选择是否愿意在观测点停留 20 分钟的主要原因得到进一步证明。

2. 休憩者离开或停留观测点的原因分析

通过问卷调查休憩者离开观测点或停留于观测点 20 分钟的主要原因，汇总（附录 2 - 4）分析可看出（图 2 - 8）：休憩者选择停留原因最多的是微气候舒适（331 人次），其次是景观优美（69 人次）；选择离开原因最多的也是微气候因素，微气候很不舒适、较不舒适和不舒适等原因（290 人次），其次是有更优美的场所（95 人次）。说明夏季微气候是影响休憩行为的主要因素。

在清晨 8：00 和傍晚 18：00，四个休憩点 WBGT < 30℃，大部分休憩者体感舒适，这两个时段休憩者更倾向选择符合休憩目的（场所优美或空气质量）观测点停留。5 个观测点选择愿意停

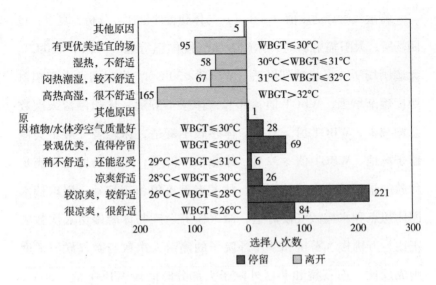

图 2 - 8　夏季观测点休憩者选择停留或离开原因

备注：不同休憩者对微气候舒适度的敏感度不同，在 29℃ < WBGT < 31℃ 时，少数休憩者的体感不同。

留次数比较（附录 2 - 4）：万佛楼（30 人次）＝茅屋外院子（30 人次）＞楠木园休憩点（17 人次）＞石桥（10 人次）＞水槛（9 人次）。这与休憩者对 5 个观测点最值得休憩的选择调查基本一致（图 2 - 2）。

分析各观测点微气候与休憩活动如下。

（1）水槛

整个观测时段内，WBGT < 26℃，微气候体感在 5 个观测点中是最舒适的（表 2 - 8）。因此，休憩者停留人次数相对较多（图 2 - 6）。但在 5 个观测点中，休憩者认为水槛的可游赏度最低（图 2 - 2），只要其他 4 个观测点微气候体感舒适，休憩者选择离开水槛。观测时段的 8—9 时和 17—18 时，杜甫草堂内存在其他休憩点 WBGT < 30℃，此时段休憩者选择离开水槛的人次数为 40

人次，原因都是"有比水槛更优美的景观场所。"

从 10 时开始，水槛因有植物和屋顶双重遮阴，气温和太阳辐射照度均比其他观测点低，WBGT 值则比其他 4 个观测点增加的慢，当其他观测点 WBGT 逐渐高于 30℃时，水槛 WBGT 值一直低于 27℃，水槛气候舒适性的优势显著，休憩者选择水槛停留的人次数越来越多，最主要的原因是水槛微气候"很舒适"、"较舒适"和"舒适"。

微气候舒适度（WBGT 值）与休憩者人数成正比，相关系数 R^2 为 0.8944，高于 0.7（图 2 – 7），说明相关性较高，即微气候舒适度是水槛吸引休憩者的主要因素。

（2）石桥

观测时段内，停留于石桥的人次数是四个观测点中最少的，问卷调查 165 人次中，仅有 29 人次选择停留于石桥，选择时段集中在 8—9 时和 18 时，WBGT < 30℃时，虽然这一时段休憩者在石桥体感舒适（表 2 – 8），但这一时段楠木园和万佛楼的 WBGT 值也低于 30℃，也同样体感舒适，且景观认可度高于石桥，因此休憩者偏向选择景观认可度更高的休憩点。尽管休憩者对石桥景观的认可度高于水槛（图 2 – 2），但石桥的微气候舒适性远低于水槛，休憩者选择停留的人次数远低于水槛。从 10 时到 17 时，石桥 WBGT 值均大于 30℃，最高达到 33℃，选择停留人次数为 0，离开的主要原因是微气候"很不舒适""较不舒适"和"不舒适"。

因此，微气候与石桥休憩者人数成反比，相关系数 R^2 为 0.4964（图 2 – 7），低于 0.7，说明吸引休憩者的主要因素不是微气候。

（3）楠木园休憩点

观测时段内楠木园休憩点 WBGT 值均低于 28℃，体感舒适
（表 2-8）。楠木园植被丰富，WBGT 值比万佛楼、茅屋外院子和
石桥同时段低，当其他观测点 WBGT 值超过 30℃时，休憩者会选
择微气候舒适，空气清新的楠木园。但当游赏性高于楠木园的万
佛楼和茅屋外院子的 WBGT 值低于 30℃时，休憩者离开楠木园休
憩点。因此，楠木园休憩点微气候舒适度与休憩人次数成正比，
相关系数 R^2 为 0.7104（图 2-7），高于 0.7，说明两者之间具有
相关性，微气候舒适是吸引休憩者的主要因素，问卷中有 136 人
次选择停留楠木园休憩点，选择人次数是最多的（附录 2-4）。

（4）茅屋外院子

相对其他休憩点，茅屋外微气候非常不舒适。仅在 8：00 和
18：00，WBGT 值低于 30℃，但也高于 29℃。其余时段均高于
31℃。从 9 时到 17 时，WBGT 值均大于 31℃，最高达到 36.9℃，
这一时段休憩停留人数均为 0。即使在 8：00 和 18：00，WBGT
值也高于 29℃，临近 30℃，微气候舒适度相对其他观测点而言最
不舒适，但茅屋景观认可度可赏性较好，5 个观测点中被选率居
第二（图 2-2）。因此，只要 WBGT 值低于 30℃时，休憩者会停
留于茅屋外院子。所以，茅屋外院子微气候舒适度与休憩人次数
成反比，相关系数 R^2 为 0.5201，低于 0.7（图 2-7），相关性并
不高，说明微气候并不是吸引休憩者的主要因素。微气候舒适性
差是休憩者离开的最主要因素，问卷中仅有 33 人次选择停留与茅
屋外院子（附录 2-4），略高于石桥。

（5）万佛楼

5 个观测点中，万佛楼的景观认可度是最高的（图 2-2）。

只要万佛楼 WBGT < 30℃，休憩者一般都会选择停留。WBGT < 30.5℃，少数休憩者因为景观可赏性而忽略稍不舒适的微气候而停留。仅当 WBGT > 31℃ 时，微气候体感非常不舒适，停留人次数为 0。因此，万佛楼微气候舒适度与休憩人次数成正比，相关系数 R^2 为 0.7115，高于 0.7（图 2-7），说明两者之间具有相关性，微气候舒适是吸引休憩者的主要因素，问卷中 124 人次选择停留（附录 2-4），比楠木园的选择人次数少，主要原因是 14—15 时，WBGT 值超过 31℃，休憩者体感不舒适。

总之，夏季露天场所大部分时段 WBGT > 30℃，体感不舒适，舒适宜人的微气候场所即成为吸引休憩者的主要因素，环境中符合休憩目的（景观认可度）的要素是其次要考虑的。但当露天场所中 WBGT < 30℃ 时，体感舒适，休憩者又会首先选择景观认可度高的场地停留。当 29℃ < WBGT < 31℃，若景观认可度高，休憩者会忽略稍不舒适的微气候而选择停留于场地。同时，由于微气候闷热潮湿，WBGT 值超过了人体热安全标准值，休憩活动类型以静态观赏、坐憩为主，动态休憩活动以散步为主（表 2-7）。因此，湿热地区在夏季应结合植物景观、水景观、建筑景观等要素，营造微气候舒适和可赏性场所，提供适宜的静态休憩场地，满足户外休憩需求。

五　冬季微气候舒适度与休憩行为分析

（一）微气候与休憩行为

1. 微气候与休憩停留人次数

冬季观测 3 天数据（附录 2-5）进行分析，得到图 2-9，由此：5 个观测点中，3 天休憩停留 30 分钟以上人次数多少依次为：

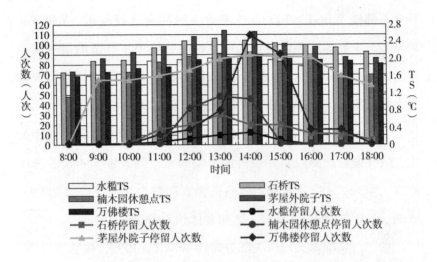

图 2 – 9 冬季观测点微气候舒适度（TS 值）与休憩者停留人次数比较

备注：万佛楼顶层同一时间的不同风向的 WBGT 值不同，选取 4 个风向的均值。

茅屋外院子（560 人次）＞万佛楼顶层（250 人次）＞楠木园休憩点（200 人次）＞石桥（119 人次）＞水槛（6 人次）。从微气候舒适度（TS 值）的差异看，5 个观测点微气候舒适度（TS 值）均值大小比较：茅屋院子（2.24℃）＞石桥（2.21℃）＞万佛楼（1.85℃）＞水槛（1.73℃）＞楠木园休憩点（1.41℃）。茅屋外院子和水槛总停留人次数与微气候舒适度成正比，而石桥、万佛楼、楠木园休憩点则不成正比。

2. 微气候（TS 值）时间变化差异与休憩停留人次数相关性分析

如图 2 – 10 所示，5 个观测点中，石桥的 R^2 值超过了 0.7，为 0.7893，线性说明休憩停留人次数与微气候 TS 值相关性较高；茅屋外院子和水槛 R^2 值超于 0.6，线性说明有相关性；楠木园休憩点 R^2 值超过 0.5 接近 0.6，线性说明有一定的相关性，但相关程度不高；万佛楼 R^2 为 0.4713，线性说明休憩停留人次数与微气候舒适度相关性低。

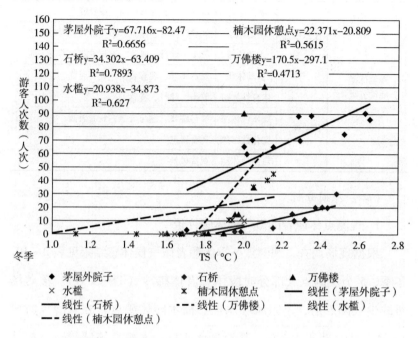

图2-10　冬季观测点微气候与休憩人次数相关性

3. 观测点休憩活动方式

在观测点及其周围停留30分钟以上的休憩活动情况如下（表2-9）。从年龄看，休憩者中有儿童、青年人、中年人和老年人，休憩活动形式多样；从活动状态看，以主动的动态休憩形式为主；从活动性质看，有体育性、娱乐性、文化性、自然性等休憩活动。说明在较冷的环境中，休憩者多选择积极主动的休憩方式，非常有吸引力的休憩活动才能引发驻足观赏等静态休憩方式。

表2-9　　　　杜甫草堂景区观测点休憩活动方式（冬季）

观测对象	儿童、青年、中年人、老年人
观测地点	石桥、水槛、楠木园休憩点、茅屋外院子、万佛楼顶层

续表

观测休憩活动分类	休憩活动状态	静态休憩	观赏风景、观看表演、观看展览
		动态休憩	散步、健行、慢跑、参与游戏、参与表演
		主动休憩	散步、健行、慢跑、参与游戏、参与表演
		被动休憩	观赏风景、观看表演、观看展览
	休憩性质	体育性休憩	散步、健行、慢跑
		娱乐性休憩	参与游戏、参与表演、观看表演
		文化性休憩	观看展览
		自然性休憩	观赏风景

（二）原因分析

1. 观测点休憩者的微气候体感评价

根据现场调查，观测点冬季休憩者微气候体感结果见表2－10。冬季，5个观测点大部分时段休憩者体感冷（TS＜2℃）。覆盖场所缺少太阳照射，不阻风（水槛、楠木园休憩点）在有冷风时段TS值大部分低于1.8℃，甚至低于1℃，休憩者体感较冷，故休憩人次数少，停留人次数与微气候舒适度值不成正比。在开敞的能接受阳光并阻挡冷风的场地（茅屋外院子、石桥），微气候舒适度TS值大部分时段＞2℃，体感舒适，故休憩人次数多，休憩者停留人次数与微气候舒适度值成正比。在半开敞能接受阳光的场所中（万佛楼），微气候舒适度值TS大部分时段1.8℃＜TS＜2℃，体感冷或稍冷，少数时段TS在2℃左右，体感舒适，休憩人次数集中在TS＞2℃时段，休憩停留人次数与场地微气候TS值不成正比。

表2－10　　　　冬季成都市杜甫草堂观测点微气候体感评价

观测点	楠木园休憩点				万佛楼			石桥
时间	8—10时	11时；15时	12—14时	17—18时	8—10时	11—12时；16—18时	13—15时	8时

续表

观测点	楠木园休憩点				万佛楼			石桥
TS（℃）	1<TS<1.8	1.8<TS<2	2<TS<2.5	0<TS<1	1.5<TS<1.8	1.8<TS<2	2<TS<2.5	1<TS<1.8
评价结果	不舒适（冷，220人次）较不舒适（较冷，5人次）	不舒适（冷，86人）较不舒适（较冷，4人次）	舒适（135人次）	较不舒适（较冷，130人次）；很不舒适（很冷，5人次）	不舒适（冷，135人）	不舒适（冷，223人次）舒适（2人次）	舒适135人次	不舒适（冷，43人）较不舒适（较冷，2人次）

观测点	石桥		茅屋外院子			水槛		
时间	9—10时	11—18时	8时	9—11时；15—18时	12—14时	8—10时；17—18时	11—12时；14—16时	13时
TS（℃）	1.8<TS<2	2<TS<2.5	1.5<TS<1.8	2<TS<2.5	2.5<TS<2.7	1<TS<1.8	1.8<TS<2	TS≥2
评价结果	不舒适（冷，85人）舒适（稍冷，5人）	舒适（315人）	不舒适（冷，45人）	舒适（315人次）	较舒适（225人）	不舒适（冷，218人次）；较不舒适（较冷，7人次）	不舒适（冷，225人次）	舒适（45人次）

以上分析可以从调查问卷中休憩者选择是否愿意在观测点停留30分钟的主要原因得到进一步证明。

2. 休憩者离开或停留观测点的原因分析

通过问卷调查休憩者离开观测点或停留于观测点30分钟以上的主要原因（附录2-6），由此可看出（图2-11）：休憩者选择停留观测点原因最多的是享受阳光、温暖舒适（236人次），其次是空气质量好（25人次）。这些均是基于气候舒适（TS≥2℃）的选择。

休憩者选择离开观测点主要原因是微气候不舒适：冷（354人次），较冷（53人次），其次是在微气候舒适度适宜时，有比当前观测点环境更优美的场所（112人次）。

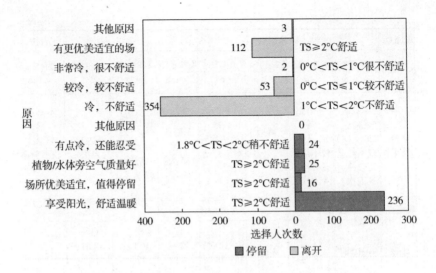

图2-11　冬季观测点休憩者选择停留或离开原因汇总

若观测点温暖舒适（TS > 2℃），且环境优美，休憩者选择停留，如茅屋外院子，停留人次数与 TS 值成正比。若观测点环境优美或空气清新，但微气候不舒适（TS < 2℃，冷或较冷），休憩者选择离开，如早晚时段的万佛楼顶层和楠木园休憩点，停留人次数与 TS 值不成正比。即使微气候适宜（TS > 2℃），休憩者选择更优美的场所停留，如中午时段的石桥，温暖舒适，但休憩者离开石桥而选择茅屋外院子、楠木园休憩点和万佛楼顶层停留，石桥此时段停留人次数与 TS 值不成正比。若观测点一直偏冷（TS < 2℃），如水槛，休憩者几乎不在此停留，停留人次数与 TS 值也不成正比。

3. 微气候与休憩行为

冬季，结合微气候舒适度体感调查表和观测点 TS 值可知：气候舒适宜人是休憩者离开或停留场地的主要原因。冬季，大部分时段在 TS < 2℃，体感偏冷，享受阳光、温暖舒适是休憩者的主要休憩目的，舒适宜人的微气候是引发休憩活动的主要因素。

但当中午（12时—14时）TS＞2℃时，体感温暖舒适，景观更优美、空气更清新的场所又会成为休憩活动首选。当1.8℃＜TS＜2℃，体感稍冷，大部分休憩者能忍受，微气候一般不会成为场地选择的阻碍要素。

冬季，休憩停留人次数与微气候舒适度值在总体上线性分析相关性不高，休憩活动主要以主动的动态休憩方式为主，微气候TS值低会影响休憩行为。

总之，夏热冬冷型湿热气候区冬季气候偏冷，休憩活动更注重是否舒适温暖，能否享受阳光。相对春秋季，偏冷的气候降低了微气候不舒适性的敏感度，稍冷的场所，若环境优美，空气清新，休憩者会选择停留。所以，在冬季，湿热景区应注重微气候舒适性的营造，同时提供更多的动态休憩活动场地。老年人冬季对冷感比普通人更敏感，适宜普通大众的休憩活动场地未必适宜老年人，后面专门讨论。

六　不同季节休憩者微气候体感分析

通过现场调查整理数据，得到不同季节休憩者在观测的体感评价情况（表2－6、表2－8和表2－10），由此分析不同季节，休憩者在5个观测点的微气候体感舒适度。

（一）春秋季和冬季微气候（TS值）与休憩者体感分析

春秋季（表2－6），5个观测点大部分时段休憩者体感微气候宜人（TS＞2℃）；覆盖场所早晚体感稍冷（1.8℃＜TS＜2℃），其余时间微气候舒适度体感舒适（TS＞2℃）。冬季（表2－10），10时前和16时后，太阳辐射照度低，SR＜80W/m²，场地微气候舒适度低，TS＜1.8℃。11时—15时，开敞场所比覆盖场所微气候舒适性好，因为开敞场所无覆盖物，能接受阳光，11—15 时，场地太阳辐射照度相对较高，SR > 100W/m²，气温也升高，场地微气候舒适度相对升高，1.8℃ < TS < 2.7℃。

由表 2 - 6 和表 2 - 10 综合分析得到图 2 - 11，由此可得出：从客观微气候舒适度和体感舒适度看，96% 以上被调查者的体感舒适度与前述客观的微气候舒适度评价标准（表 1 - 6）是一致的，只有少数体质较弱者的体感舒适度与客观微气候舒适度稍有差异，这说明前述针对春秋季和冬季提出的微气候评价方法是基本符合实际情况的。

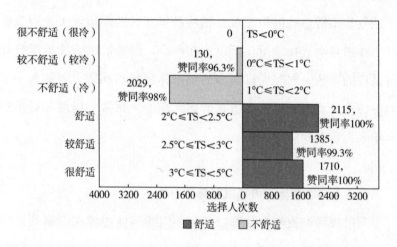

图 2 - 12　春秋季和冬季成都市杜甫草堂休憩者微气候体感

（二）夏季微气候（WBGT 值）与休憩者体感分析

夏季（表 2 - 10），早 9 时以前和晚 17 时以后，太阳辐射照度相对较低，SR < 150W/m²，气温相对较低，微气候舒适度相对较低，5 个观测点 WBGT < 30℃。10—16 时之间，覆盖场所微气候舒适度优于开敞空间的微气候舒适度。因为，覆盖场所太阳辐射照度相对较低，SR < 130W/m²，气温相对较低，微气候舒适度相

对较低，水槛和楠木园休憩点 WBGT≤28℃，万佛楼顶层在 14—15时因太阳斜射而使 31℃＜WBGT＜32℃，其余时段则较低。

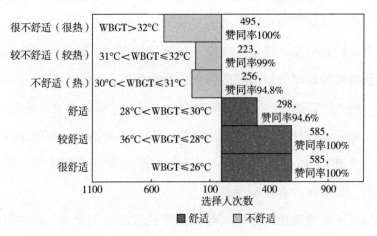

很不舒适（很热）	WBGT＞32℃	495，赞同率100%
较不舒适（较热）	31℃＜WBGT≤32℃	223，赞同率99%
不舒适（热）	30℃＜WBGT≤31℃	256，赞同率94.8%
舒适	28℃＜WBGT≤30℃	298，赞同率94.6%
较舒适	36℃＜WBGT≤28℃	585，赞同率100%
很舒适	WBGT≤26℃	585，赞同率100%

选择人次数
■ 舒适　□ 不舒适

图 2－13　夏季成都市杜甫草堂休憩者微气候体感

综合分析表 2－10 得到图 2－13，由此可得出：从客观微气候舒适度和休憩者微气候体感评价看，95% 以上被调查休憩者的体感舒适度与前述客观的微气候评价标准（表 1－6）是一致的，只有少数体质较弱游客的体感舒适度与客观微气候舒适度稍有差异，说明前述提出的夏季微气候评价方法是基本符合实际情况的。

第三节　冬季户外微气候与老年人休憩活动

老年人多参与户外活动能有效突破认知障碍，对抗抑郁情绪，保持生活活力和主观幸福感[①]。近年来，针对老年人户外活

---

① Haewon Ju, The relationship between physical activity, meaning in life, and subjective vitality in community-dwelling older adults, *Archives of Gerontology and Geriatrics*, 2017（73）：120－124.

动的调研方兴未艾。从老年人户外活动的类型、时间规律、活动类型、活动空间等特征进行了深入调查，总结其规律①。有关老年人户外活动的调研已取得一定成果，大部分是针对老年人活动类型、活动时间、活动场所设施进行实证探讨，而基于老年人户外活动对场地微气候适应的研究为数尚少。

相关研究证明微气候对城市户外空间活动有着重要影响②，适宜的微气候设计提升环境热舒适度，刺激户外活动，更吸引人停留与交流③。前述探讨表明：但当微气候不舒适度值达到一定阈值时，场所将没有休憩活动。

基于生理需求，老年人冬天怕冷的现象特别突出，对户外活动有着特殊需求④，老年人冬季户外活动受微气候的影响更明显。因此，探讨老人户外休憩选择的微气候适应性，为这一气候特点的城市设计建设适宜老年人需求的户外休憩空间提供理论借鉴和技术参考，满足老年人老有所乐的追求，提升城市活力。

一　研究内容和方法

选取成都市百花潭公园冬季为例，通过问卷调查、微气候气象参数实测、老年人活动行为注记等方法探讨城市老年人冬季户外微气候适应性。成都冬季属于典型湿冷气候，高湿度加剧冬季

①　赵秀敏、郭薇薇、石坚韧：《基于老年人日常活动类型的社区户外环境元素适老化配置模式》，《建筑学报》2017年第2期。

②　Liang Chen，Edward，N. G.，Outdoor thermal comfort and outdoor activities：A review of research in the past decade，*Cities*，2012，29（2）：118 – 125.

③　Huang，J. X.，Zhou，C. B.，Zhuo，Y. B.，Outdoor thermal environments and activities in open space：An experiment study in humid subtropical climates，*Building and Environment*，2016，103（7）：238 –249.

④　李健红、郝飞、白小鹏：《适宜老年人活动的城市公共户外空间特征分析》，《华中建筑》2011年第9期。

冷感，微气候热舒适度差。同时，成都市冬季不集中供暖，室内单独供暖的经济成本和生态成本高。因此，老年人冬季去户外休憩的愿望相对更强烈。百花潭公园位于成都市中心城区，公园常年免费开放，周围为住宅区，常年大部分使用者为老年人。因此，选取成都市百花潭公园作为研究对象，具有典型性和参考性。

（一）观测对象和观测地点

选取在百花潭公园周边居住 1 年以上，每周固定到百花潭公园休憩 3 次以上的老人作为观测对象，老人的年龄界定按国家现行退休年龄：女性 55 岁及以上，男性 60 岁及以上。这部分老年人主要为退休居民，以及部分进城老年人。基于老年人怕孤独，渴望人际交往的心理需求和社会需求[①]，大部分老年人选择群体性的休憩活动，故选择参与或观看群体性休憩活动的老年人作为观测对象。

百花潭公园内按空间布局均匀选取老年人日常群体性休憩活动的免费场所作为观测点，场地特征见表 2－11。从百花潭公园三个出入口到达观测点距离相当。

表 2－11　　　　　　　　百花潭公园观测点情况

序号	观测点	观测点特征	休憩活动类型	观测点照片
1	船坊	半覆盖建筑空间，休憩面积 150m² ，周围主要植物：银杏，香樟，竹丛，水体：15 米外为浣花溪，9 米外小水池，周围 50 米内无高大建筑物	唱歌	

① 李健红、郝飞、白小鹏：《适宜老年人活动的城市公共户外空间特征分析》，《华中建筑》2011 年第 9 期。

续表

序号	观测点	观测点特征	休憩活动类型	观测点照片
2	银杏广场	露天开敞空间，休憩面积 300m², 周围植物：银杏为主，周围 50 米内无水体和高大建筑	跳舞	
3	雅竹园	露天开敞空间，休憩面积 50m², 植物：灌丛为主，西靠磊园山丘，周围 50 米内无高大建筑物和水体	打牌	
4	慧园广场	露天开敞空间，休憩面积 200m², 主要植物：桂树，大叶榕，20 米外小水池，周围 50 米内无高大建筑和水体	下棋	

（二）观测时间和观测工具

根据典型气象年的气象参数，结合天气预报（预定观测日期），选择 2016 年和 2017 年冬季的非雨天进行观测（表 2 - 12），每天观测时间为 9：00—12：00，13：00—18：00，共观测 6 天。

观测工具同前。

表 2 - 12　　　　　成都市百花潭公园观测日期天气情况

观测日期	天气状况	观测日期	天气状况	观测日期	天气状况
2016. 1. 15	雾，晴	2016. 2. 11	晴，雾	2016. 12. 4	晴，雾
观测日期	天气状况	观测日期	天气状况	观测日期	天气状况
2017. 1. 1	晴，雾	2017. 2. 11	阴，雾	2017. 12. 4	阴，多云

（三）观测方法

采用上述仪器在同一时间段分别观测不同观测点的气象参

数：气温、环境辐射温度、相对湿度、太阳辐射照度、风速和地表温度。观测时间段内按设定时间平均每 5 分钟仪器自动记录气象数据 1 次，每小时取平均值。除地表温度贴近地面测量，其余气象参数的观测高度按照国际惯例为离地面 1.5 米处。

参照前述方法，采用适宜冬季湿冷气候的 TS-Givoni 指标对冬季老年人活动场地微气候进行综合评价，结合现场观测，运用"行为注记法"在公园内的 4 个观测点记录停留时间 30 分钟以上的人次数作统计和归纳，由此分析冬季微气候与老人户外休憩活动。

N. Gaitani 等在采用 TS-Givoni 指标进行微气候舒适度评价时，认为当 2≤TS≤5 时，普通大众体感舒适；当 TS<2℃ 时，普通大众体感为冷[①]，而老年人是否有所不同？

二　结果与分析

(一) 观测结果

1. TS 值区间不同，老人户外休憩人次数不同

老人户外休憩人次数与 TS 值密切相关：4 个观测点中 (图 2 - 14)，当 TS<2℃ 时，老人 30min 以上休憩活动的人次数为零；当 TS>2℃，老人开始有 30min 以上的户外休憩活动；老人户外休憩活动集中分布在微气候舒适的 TS≥2.1℃ 这一区间。无论哪个时段，即便是 17—18h，只要 TS≥2.1℃，即有老人选择停留休憩，但当 TS<2℃ 时，即便是闲暇时段，老人也不会停留休憩。

---

① Gaitani N., Mihalakakou G., Santamouris M., On the Use of Bioclimatic Architecture Principles in Order to Improve Thermal Comfort Conditions in Outdoor Spaces, *Building and Environment*, 2007, 42 (1): 317 - 324.

观测结果表明：微气候是影响老人户外休憩的重要指标，更说明适应微气候的户外设计能吸引更多老人参与户外休憩活动。

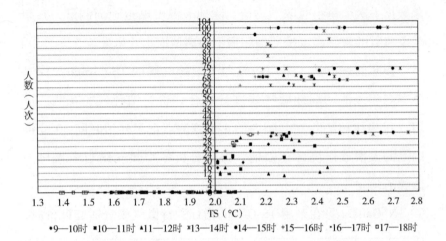

图 2 – 14 百花潭公园不同时段 TS 值与老人休憩情况

2. TS 值区间变化与不同观测点老人休憩人次数变化

当 TS < 2℃时，4 个观测点均无老人休憩（图 2 – 14）；当 2℃≤TS < 2.1℃时，慧园广场和雅竹园有老人休憩，人次数分别为 183 人次和 179 人次，而船坊和银杏广场老人不选择休憩（图 2 – 15）；当 TS > 2.1℃时，4 个观测点中老人休憩人次数分别为：银杏广场 1670 人次，慧园广场 1627 人次，雅竹园 939 人次，船坊 851 人次，每个观测点老人都大量选择。

4 个观测点中老人总的休憩人次数分别为（图 2 – 15）：慧园广场（1810 人次）>银杏广场（1670 人次）>雅竹园（1118 人次）>船坊（851 人次）。4 个观测点面积分别为银杏广场（300m²）>慧园广场（200m²）>船坊（150m²）>雅竹园（50m²）。

观测结果表明：一方面，当微气候舒适时，老人可以自由选

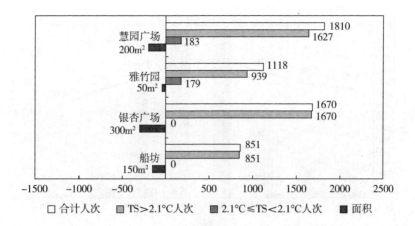

图 2 - 15　TS 区间内不同观测点的老人休憩人次数

择休憩点，不受地点限制；另一方面，不同的 TS 值变化区间，观测点休憩人次数与其面积无正相关性。

3. TS 值区间变化与不同时段老人休憩人次数的变化

13—15 时为全天微气候最舒适时段，TS 均值分别为 2.38℃ 和 2.4℃，老人休憩人次数也最多，达到 2949 人次（图 2 - 16）。但 TS 值高的时段，老人户外休憩人次数并非一定比 TS 值低的时段多。

9—12 时与 15—18 时比较（图 2 - 16），TS 值与休憩人次数不是绝对正比：

第一，9—12 时观测点整时段 TS 均值分别为 1.9℃，1.98℃ 和 2.16℃，15—18 时观测点整时段 TS 均值分别为 1.6℃，1.88℃ 和 2.08℃。9—12 时 TS 均值高于 15—18 时 TS 均值，说明 9—12 时微气候比 15 - 18 时微气候舒适。

第二，当 2℃ ≤ TS < 2.1℃，9—12 时老人休憩人次数为 154 人次，15—18 时老人休憩人次数为 208 人次，9—12 时比 15—18 时人次数少 54 人次。

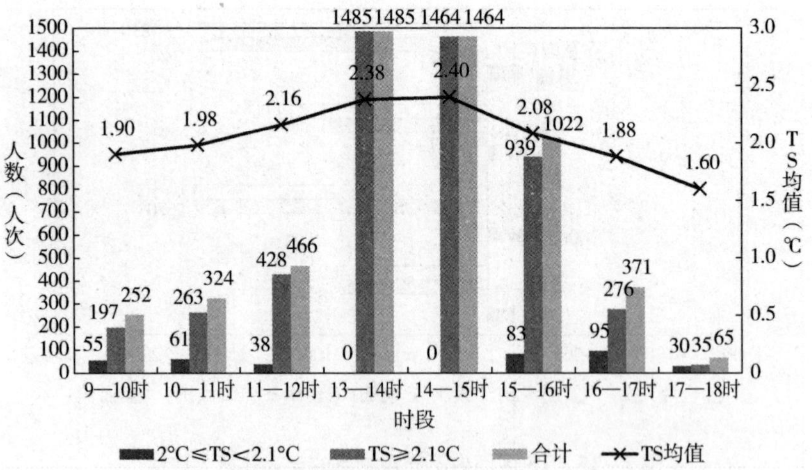

图 2 – 16　TS 区间内不同时段的老人休憩人次数

第三，TS > 2.1℃时，9—12 时观测点老人休憩人次数为 888 人次，15—18 时老人休憩人次数为 1252 人次，9—12 时比 15—8 时人次数少 364 人次。

第四，总体上，9—12 时老人休憩人次总数 1042 人次，15—18 时老人休憩人次总数 1458 人次，9—12 时比 15—18 时人次数少 416 人次。

总之，9—12 时和 15—18 时比较：前者微气候优于后者，但休憩人次数却比后者少。

观测结果表明：一方面，当微气候舒适时，老人户外休憩人次数最多；另一方面，不同 TS 区间中，观测时段老人户外休憩人次数与 TS 值非正相关性。

（二）原因分析

1. 观测点的微气候差异

从观测点 TS 均值和微气候参数均值看（表 2 – 13）：观测点

之间的风速和太阳辐射照度差异明显。银杏广场位于南北主道和东西主道交汇处，道路促进导风，因此其风速最高，风速均值最高（0.98m/s），船坊临浣花溪，形成顺河风，风速也大，均值达到0.89m/s，船坊为半覆盖空间，香樟等常绿高大植物遮蔽，太阳辐射照度最低，平均仅为13w/m²。成都冬季湿冷，风降温增加冷感，太阳辐射照度低，不能起到降湿增温的作用。雅竹园和慧园广场既不临河，也不位于风道，故风速相对低，分别为0.6m/s和0.67m/s。同时，这两处休憩点无植物遮蔽，则太阳辐射照度相对高，因此，TS均值也比银杏广场和船坊更高。4个观测点中，TS均值大小依次为：雅竹园（2.15℃）＞慧园广场（2.07℃）＞银杏广场（2.05℃）＞船坊（1.95℃）。因此，从微气候角度，老人优先选择雅竹园和慧园广场休憩。

表2-13　　　　　　　　　观测点TS和气象参数均值

微气候 ＼ 观测点	船坊	银杏广场	雅竹园	慧园广场
TS（℃）	1.95	2.05	2.15	2.07
风速（m/s）	0.89	0.98	0.60	0.67
太阳辐射照度（w/m²）	13	65	61	65
相对湿度（%）	63.0	61.3	60.0	67.0
气温（℃）	8.3	8.5	8.2	8.2
地表温度（℃）	8.96	9.40	9.10	9.50

当2℃≤TS＜2.1℃时（图2-17），4个观测点的TS均值差异微弱，差异明显的是风速和太阳辐射照度。4个观测点中，银杏广场风速均值最高，达到1.05m/s。船坊风速均值达到0.8m/s。冬季，风速增加的冷感更明显。4个观测点中，船坊太阳辐射照度低，其余3个观测点差别微弱。当2℃≤TS＜2.1℃时，船坊太阳

辐射照度低，银杏广场风速大。受太阳辐射照度和风速影响，老人不选择银杏广场和船坊休憩，而选择雅竹园和慧园广场休憩（图2－15）。TS值和风速、太阳辐射照度综合影响老人户外休憩点的选择，因此，观测点面积与老人休憩人次数不成正比。

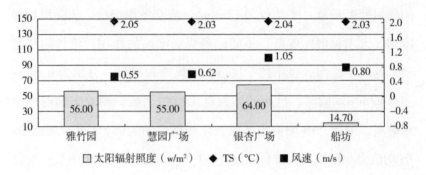

图2－17 2℃≤TS＜2.1℃时，观测点微气候

2. 观测时段的微气候差异

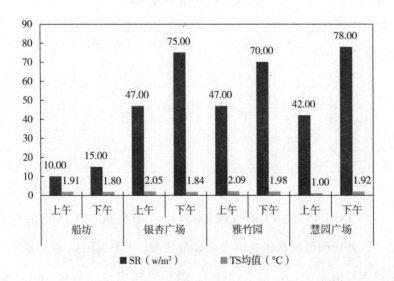

图2－18 观测点不同时段的太阳辐射照度（SR）和TS值

成都市是全国太阳辐射照度最少的城市之一，冬季太阳辐射照度尤其低，阳光是户外休憩的主要吸引力之一。4 个观测点中（图 2 – 18），每个观测点上午的太阳平均辐射照度都明显低于下午，老人冬季更适应阳光，愿意选择下午时段户外休憩。总体上，下午 15—18 时的太阳辐射照度高于上午，尽管 15—18 时各观测点 TS 均值低于上午 9—12 时的 TS 均值，但 15—18 时老人在观测点的休憩人次数高于 9—12 时。这说明湿冷气候城市中，老人户外休憩的时段选择很大程度上受到太阳辐射照度影响。

本章总结

一 勒温环境行为理论下的微气候与户外休憩行为

第一，户外休憩行为是符合勒温环境行为理论的。休憩者户外休憩行为等于人与环境的函数，即 B = f（PE），B 表示人的休憩行为，（P）等于人，（E）表示环境。这一理论说明环境对休憩行为的重要性，改善环境即可改善休憩行为，微气候是户外环境的重要构成要素之一。

第二，影响休憩行为的微气候有一个阈值。夏热冬冷型湿热气候中，在适宜的着衣条件下，微气候舒适度的阈值是：夏季，微气候舒适度值（WBGT 值）<30℃；春秋季和冬季，微气候舒适度值（TS 值）>1.8℃。冬季老年人对冷更敏感，老年人冬季户外休憩活动的微气候阈值是微气候舒适度值（TS 值）>2℃。

二 休憩行为与微气候关系

第一，夏季，微气候（WBGT 值）<30℃时，微气候舒适宜

人，休憩者更注重景观美感度，休憩行为与微气候舒适度相关性低，$R^2 < 0.7$；当 30℃ < WBGT 值 < 31℃ 时，休憩者更注重相对适宜的微气候环境，休憩行为与微气候舒适度相关性高；当 WBGT 值 > 31℃，无论景观美感度多高，都没有休憩行为，表明场所的微气候不适宜进行休憩活动。

第二，春秋季和冬季，当 TS 值 > 2℃ 时，微气候舒适宜人，休憩者更注重景观美感度，休憩行为与微气候相关性低，$R^2 < 0.7$；当 1.8℃ < TS 值 < 2℃ 时，更注重相对适宜的微气候环境，休憩行为与微气候关性高，$R^2 > 0.7$；当 TS 值 < 1.8℃ 时，无论景观美感度多高，都没有休憩行为，表明场所的微气候不适宜进行休憩活动。

第三，老年人冬季户外休憩活动与微气候的关系：当 TS 值 < 2.0℃ 时，老人无户外休憩活动，当 TS 值 ≥ 2.1℃ 时，老人户外休憩不受空间和时间限制；当 2.0℃ ≤ TS 值 < 2.1℃ 时，老人户外休憩主要适应风速和太阳辐射照度而选择休憩时间和休憩地点。

三 微气候与户外休憩方式的关系

微气候综合值（WBGT 值或 TS 值）适宜时，休憩行为多种多样，休憩场地应注重改善景观美感度或增加参与性的休憩活动来吸引休憩者。微气候 TS 值低时，休憩者选择能接受阳光的环境，进行动态休憩方式，休憩场地应强化阳光景观和风障景观设计，提升户外空间微气候。微气候 WBGT 值高时，休憩者选择静态休憩方式，休憩场地应强化遮阳景观和通风景观设计。

总之，从场地微气候、休憩者体感评价、停留或离开场地的人次数及原因分析得出，前述第一章中提出的户外微气候评价模型、评价参数、评价指标和舒适度分级划分是相对适宜的。探讨微气候与户外休憩活动的关系，目的是为利用景观要素规划设计适应户外休憩活动的微气候环境。

第三章 户外景观要素与微气候

本章导读：丰富多彩的景观由千差万别的景观要素系统合成，使景观场所中的微气候不同。户外休憩景观要素如何影响微气候，影响微气候的关键性户外景观要素是哪些，户外景观要素之间微气候如何相互影响？本章以实例进行相应研讨。

第一节 影响微气候的户外景观要素

一 景观要素构成

景观要素构成主要是基于景观设计来确定的。国内外相关研究从不同的专业领域、研究对象和研究目的，对景观要素构成有不同理解（表3-1）。

表3-1 景观要素构成分类

依据	构成要素	
	一级指标	二级指标
按属性	自然要素	土地、植物、水等
	人工要素	铺装、景观构筑物等
按物质形式	形式要素	光影、色彩、质感、声音等
	形体要素	地形、水体、植物、地面铺装、构筑物等

续表

依据	构成要素	
	一级指标	二级指标
按质感	软质要素	树木、绿地、水体
	硬质要素	建筑物、雕塑、铺地、墙体、栏杆等
按感官体验	视觉要素	颜色、尺寸、材质
	听觉要素	声音
	嗅觉味觉要素	气味
	触觉要素	材质
	时间空间觉要素	抽象的符号语言
按构成	自然景观构成要素	高山、岩石、海、河川、湖沼、溪流、田园、动物、植物、乡土风景和森林等自然物
	人文景观构成要素	桥梁、水库、道路、草地、耕地、村落、庙宇、塔、古迹、标识等人造的构成物
	自然人文景观构成要素	山丘和村落、海和航行的船舶、森林和庙宇等自然和人工要素的统一体

资料来源：根据文献①②③整理。

按属性分类方式最为基础，容易让人接受，但这种分类方式比较笼统，忽略了人文要素等景观要素。

按物质形式分类方式提出了光影、色彩、质感、声音等平时常被人们忽略的要素。但将光影、色彩、质感、声音等要素归类为形式要素不是很准确，形式是指事物内在要素的结构或表现方式，光影、色彩、质感等是一种具体的可被利用的要素，而非表现形式。

---

① 〔美〕诺曼·K. 布思：《风景园林设计要素》，曹礼昆、曹德鲲译，科技出版社 2018 年版，第 10 页。
② 刘炜宁：《浅论西方园林设计的创新和设计要素》，《才智》2008 年第 22 期。
③ 刘滨谊、刘琴：《服务于城市旅游形象的景观规划——以南京市为例》，《长江流域资源与环境》2006 年第 2 期。

按质感的划分方式强调要素的材料及质感这一特性，利于从材料角度进行要素选择，但实际运用中有些要素不能根据软硬划分，如气候气象要素。

按感官划分方式基于人本，注重对人的感官造成的影响，但忽略了最基本的自然要素，如地形、水体、山石等。

按构成划分方式从宏观角度出发将所有的要素涵盖其中，但分类方式有些宽泛，具体景观设计时很难把握。

综上所述，总结如下：

从自然角度，景观构成要素为：地形要素、气候要素、水体要素、植被要素、动物要素等。从人文角度，景观构成要素有传统习俗、文化符号、动态活动等。

从物质角度，景观构成要素有：地形地貌要素、道路与铺装要素、水体要素、植物要素、公共设施和景观小品等人工构筑物等要素。从非物质角度，景观构成要素有气候、声、光、色、味和质。

任何单一角度的分类形式都不能涵盖所有景观构成要素。景观要素以基本的点、线、面形式，以实体和虚体结合构成景观空间，通过同样是景观要素之一的使用者在景观场所中的活动后以感官评价来体现景观功能。

二　影响微气候的户外景观要素

微气候要素有：太阳辐射照度、空气温度、风、空气湿度（降水）等，如前所述，微气候的时间尺度是24h，空间尺度的水平范围是0.1—1km，垂直范围是0.01—0.1km。因此，在此尺度范围下探讨影响微气候的户外景观要素。

（一）地形

地形对微气候的影响主要体现在：构成地形的物质特征差异（水陆不同）或所处位置差异（阴面和阳面）而影响微气候。在山区，向阳坡面的气温与谷地上方等高处的气温差形成山谷风。白天，向阳坡受太阳辐射多于山谷，地表气温上升快于山谷而使气流上升，风沿斜坡向上吹。晚上，地表转冷使气温下降，风沿斜坡向下吹。即山谷风。

实验模拟研究发现：微地形下太阳辐射具有明显的空间分布特征，坡度越大接受的太阳辐射量越少，地形遮蔽效应对太阳辐射影响程度依次为冬季＞秋季＞春季＞夏季，地表温度与太阳辐射呈显著相关[①]。

（二）水体

国内外自古就有利用水体景观改善微气候的传统，如无锡寄畅园"八音涧"，将山石与水流巧妙结合营造清凉的氛围[②]。地中海盆地的干旱气候让古罗马文艺复兴的设计者们思考并利用水体的冷却作用[③]。较早研究水体微气候的文献是 20 世纪 70 年代美国内布拉斯加州（Nebraska）甜菜种植中探讨水体形成风道的降温效果[④]，此后较长时间，有关水体微气候的研究集中于为

---

①　魏胜龙、陈志彪、陈志强等：《微地形上太阳辐射模拟及与地表温度关系研究》，《国土资源遥感》2017 年第 1 期。

②　赵彩君、王国玉：《中国古典园林气象景观营造经验对气候适应型城市建设的启示》，《风景园林》2018 年第 10 期。

③　［美］奇普·沙利文：《庭院与气候》，沈浮、王志姗译，中国建筑工业出版社 2005 年版，第 191—238 页。

④　K. W. Brown, Norman, J., Rosenberg, Shelter-effects on microclimate, growth and water use by irrigated sugar beets in the great plains, *Agricultural Meteorology*, 1971 – 1972, 9: 241 – 263.

农业服务：探讨水体与微气候及种植的关系[①]。随着城市热岛效应加剧，研究者开始关注城市水体微气候。城市水体的降温效果明显，推迟最高温的出现时刻，缩短高温的时长，在一定程度上缓解夏季城市热岛[②]，研究者通过实地监测和风道实验，发现水体在城市热浪区域的降温最高可达2.3℃[③]。

（三）植物

植物对微气候的影响体现在以下方面（图3-1）。

图3-1　植物对场地微气候的影响

第一，降温、减少太阳辐射热。植物蒸散作用降低温度，增加湿度。落叶乔灌木夏季遮阳降温，冬季增加太阳辐射。草坪和

① Allen C Cohen, Jacqueline L Cohen, Microclimate, temperature and water relations of two species of desert cockroaches, *Comparative Biochemistry and Physiology Part A*: *Physiology*, 1981, 69 (1): 165-167.

② 刘滨谊、林俊:《城市滨水带环境小气候与空间断面关系研究以上海苏州河滨水带为例》,《风景园林》2015年第6期。

③ Ashley M. Broadben, et al., The cooling effect of irrigation on urban microclimate during heat wave conditions, *Urban Climate*, 2018 (32): 309-329.

地被植物降低地面辐射温度。藤架植物和覆土建筑植物降低建筑物辐射热和太阳辐射热。

第二，通过植物有效种植形成风道或风障，夏季引导凉风进入场地，冬季阻挡寒风进入场地。

总之，植物布局模式①、规模与结构②、植物配置③等影响户外微气候。

（四）地面铺装

宏观尺度上，城市群下垫面类型改变后，地表潜热蒸发显著减少，为了平衡地面能量收支，下垫面改变引起的温度、地表能量变化基本集中于城市群下垫面变化区域，温度响应具有显著的局地性④。

微观尺度，地面铺装不同，不仅是影响微气候单一要素，而是对气温、湿度、风速、太阳辐射照度、环境辐射温度等各要素均有影响从而影响微气候舒适度。户外微气候应该关注道路和地面铺装对微气候的影响。不同地面铺装降温强度由高至低的排序是：林地＞水体＞硬质铺装＞草坪＞建筑，增湿强度由高至低排序为：林地＞草坪＞水体＞铺装＞建筑⑤。同样环境下，硬质铺装材质不同，地面吸收的太阳辐射热为沥青＞

---

①　岳小智、尹海伟、孔繁花等：《基于 ENVI-met 的绿地布局模式对微气候的影响研究——以南京市居住小区为例》，《江苏城市规划》2018 年第 3 期。

②　任斌斌、李薇、谢军飞等：《北京居住区绿地规模与结构对环境微气候的影响》，《西北林学院》2017 年第 5 期。

③　夏舒适：《围合式居住组团绿地植物配置模式对夏季小气候影响分析》，硕士学位论文，沈阳农业大学，2017 年，第 31—37 页。

④　周莉、江志红、李肇新等：《中国东部不同区域城市群下垫面变化气候效应的模拟研究》，《大气科学》2015 年第 3 期。

⑤　吴思佳、董丽、范舒欣：《下垫面类型对其温湿效应及人体舒适度的影响》，《福建农林大学学报》（自然科学版）2020 年第 4 期。

水泥＞透水砖＞不透水阶砖；同一环境下，沥青铺地的地面温度最高，水泥最低①。地面铺装的材料颜色②及铺装材料的冷热性③都会影响微气候。

（五）建筑物

第一，建筑空间布局。构筑物朝向影响室内外太阳辐射热。比如我国冬冷夏热型湿热地区建筑南北朝向，夏天是短而密闭的墙接受上午和下午的太阳直射，减少建筑总体得热量。到了冬季，随着太阳高度角降低，向南的长墙接收到更多的太阳辐射。构筑物高低错落布局会在一定地段改变原来的风速和风向。

第二，建筑要素的立面、间距④、材料⑤等影响微气候。如通过玻璃上釉、保温、绝缘、自然通风，减少建筑污染等建筑技术可使建筑环境提高43％的舒适度。半开放空间中，即使是透明玻璃屋顶下的微气候也优于同样条件下的露天场地。

第三，建筑颜色。浅色构筑物反射太阳辐射，降低构筑物辐射热。深色构筑物吸收太阳辐射，提高构筑物辐射热。

---

① 李丽、肖歆、邓小飞：《以微气候营造为导向的绿道设计因素实测研究》，《风景园林》2020年第27卷第7期。

② 周莉、江志红、李肇新等：《中国东部不同区域城市群下垫面变化气候效应的模拟研究》，《大气科学》2015年第3期。

③ Afroditi Synnefa, Theoni Karlessi, Niki Gaitani, et al. , Experimental testing of cool colored thin layer asphalt and estimation of its potential to improve the urban microclimate, *Building and Environment*, 2011 (46): 38 – 44.

④ Jonas Allegrini, Viktor Dorer, Jan Carmeliet, Influence of morphologies on the microclimate in urban neighbor hoods, *Journal of Wind Engineering and Industrial Aerodynamics*, 2015 (144): 108 – 117.

⑤ Ferdinando Salata, Iacopo Golasi, Andrea de Lieto Vollaro, et al. , How high albedo and traditional buildings' materials and vegetation affect the quality of urban microclimate. A case study, *Energy and Buildings*, 2015 (99): 32 – 49.

第二节 户外景观要素对微气候影响研究方法

一 研究体系

在景观要素影响户外微气候的研究体系中（表3-2），以景观要素：水体、植物、地面铺装、构筑物为主要研究对象，研究景观要素的动态参数变化对微气候的影响，研究场地以城市为主的户外场地，研究方法通过实测与软件仿真模拟结合，综合分析。不同的微气候区气候特征不同，需要改善的气候要素和可借助的景观要素不同，具体的不同场地特征千差万别，研究结果难有普适性结论，但探讨户外景观要素对微气候影响，为借助景观要素改善微气候提供方法、途径和程序。以下从两个层面讨论：一是景观单体要素对微气候的影响；二是景观要素的微气候相关性分析。

表3-2　　　　　**景观要素影响户外微气候的研究体系**

研究对象	主要研究内容	主要研究场地	主要研究方法
水体	水体形态	广场、公园、住区户外环境	
	水体构成	公园	
	空间布局	广场、城郊	
植物	植物配置	公园、道路、滨水、住区户外环境	
	空间布局	公园、道路、滨水、住区户外环境	
	植物特征	道路、广场、公园	实测、数值模拟、综合分析
地面铺装	铺装材料	广场、道路、街区	
	铺装颜色	广场、道路、街区	
构筑物	材料	广场、住区	
	颜色	广场	
	空间布局	街区、广场、住区	

二 研究方法和程序

采用实地观测，结合观测数据进行综合分析。

（一）观测方法

1. 观测景观要素

针对不同的景观要素选择几种不同景观场所（地面铺装、植物、水体、构筑物等）同时段观测，观测记录微气候因子数据。

2. 观测方式

采用 Kestrel4000 型手持气象站，DS－207 太阳能辐射测量照度计和 JTR04 黑球温度测试仪（测试仪器特征和主要参数见表 2－2），在同一时间段分别观测 1.5 米处不同景观要素中的温度、空气相对湿度、风速和太阳辐射照度，用自动储存方式储存观测数据，同时拍摄所观测环境。

3. 观测时间

前述研究结果表明：冬冷夏热型湿热气候区中，春秋季在适宜的气温、湿度、太阳辐射照度和风速的等气候因子影响下，微气候适宜，对户外休憩行为影响不明显，户外景观设计的主要目标是丰富景观美感度。冬季和夏季景区的微气候对户外休憩行为影响显著，景观规划设计的目标是适应或改善微气候，激发户外休憩行为。因此，重点讨论夏季和冬季景观要素对微气候舒适度的影响。

观测日期同第二章，每天观测时间：8：00—18：00，仪器根据设定时间每 5 分钟自动记录气象数据 1 次，每小时取平均值，连续观测 3 天，三天对应的时段取平均值进行分析。

4. 观测气象参数

夏季测量的气象参数为：气温、相对湿度、太阳辐射照度和风速。冬季测量的气象参数为：气温、地表温度、太阳辐射照度、相对湿度和风速。

（二）综合分析

整理分析微气候气象因子，夏季采用 WBGT 指标，冬季采用 TS 指标分析比较其微气候舒适度，比较分析不同景观要素对微气候的动态影响、差异因素，综合分析场地景观要素与微气候相关性、景观要素之间的微气候相关性。

第三节　户外休憩景观单体要素对微气候的影响

在杜甫草堂选择景观要素进行实测，综合比较分析。

一　地面铺装对微气候的影响

（一）观测点

在杜甫草堂选择自然裸地（泥地）、沥青地（草堂外）、石板地、草地等4种常见的地面铺装形式（表 3 – 3）。草地草为麦冬草，四季常绿，草高 4—6cm。选择的 4 种类型观测地面积约为 5m^2，四周较空旷，直径 40m 范围内无高大建筑物，直径 20m 范围内无乔灌木，也无水体。

表 3 – 3　　　　　　　　　不同地面铺装场地

序号	观测地点	观测点特征	测点位置	观测地照片
1	自然裸地	观测点为自然露天泥地，太阳直射，直径 40 米内无大型建筑，直径 20 米内无水体	离裸地面 1.5 米高处观测	

续表

序号	观测地点	观测点特征	测点位置	观测地照片
2	沥青地	观测点沥青铺地，太阳直射，直径 40 米内无大型建筑，直径 20 米内无水体	离沥青地面 1.5 米高处观测	
3	石板地	观测点石板铺地，太阳直射，直径 40 米内无大型建筑，直径 20 米内无水体	离石板地面 1.5 米处测量	
4	草地	草地草为麦冬草，四季常绿，草高 4—6cm。空旷，太阳直射。观测点直径 40 米内无大型建筑，直径 20 米内无水体	离草地 1.5 米高处观测	

（二）夏季不同地面铺装微气候比较

根据整理的夏季地面铺装观测的微气候参数（附录 3 – 1）计算 WBGT 值（图 3 – 2），分析夏季不同地面铺装场所中微气候。

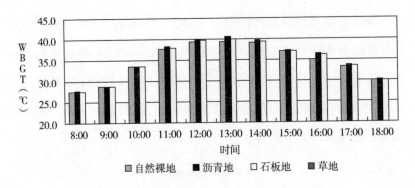

图 3 – 2　铺装地面与夏季微气候（WBGT 值）

1. 不同地面类型微气候总体变化趋势分析

早上 8：00—10：00，自然裸地、石板地和草地的微气候舒适度都是令人舒适的，此时段内，无论哪种地面铺装，都能看到游客休憩。早 10：00 以后，微气候舒适度逐渐令人不适，在11：00—17：00 之间，微气候舒适度达到难忍受的很热状态，特别在12：00—14：00 之间达到极端最高值。主要原因是太阳辐射强，高温高湿，并且基本处于静风状态。这一时段，空旷场所中几乎见不到游客休憩活动。

2. 不同地面类型微气候舒适度变化差异比较

景区开放时间段内，4 种地面类型中，微气候舒适度值（WBGT值）变化烈度大小为：沥青地（12.9℃）＞石板地（12.5℃）＞草地（12.3℃）＞自然裸地（11.9℃）。极端最高值比较：沥青地（40.7℃）＞石板地（40.1℃）＞草地（39.6℃）＞自然裸地（39.4℃）。其原因可能是：

第一，沥青颜色较深，反射率小，在同等太阳辐射条件下可以吸收更多的辐射能。

第二，沥青热容量较小。尽管石板和沥青同属不透水性下垫面，但由于石板地颜色较浅，反射率较大，对太阳辐射吸收少于沥青且热容量大于沥青，因此其日平均温度、日最高温度低于沥青，微气候舒适度稍优于沥青。

第三，同样，由于沥青地和石板地热容量小，其温度随太阳辐射照度的高低迅速增加或降低。因此，沥青地和石板地的微气候舒适度变化烈度高于自然裸地和草地。

第四，自然裸地和草地作为透水性下垫面，均容易受到土壤湿度的影响，温度特性趋于一致，但由于草地下垫面有草皮等覆盖，蒸腾降温作用使其气温和环境辐射温度低于自然裸地。另一方面，草地湿度比自然裸地大，又增大了草地的不舒适度。因此，草地的微气候舒适度总体稍好于自然裸地，但在某些时刻

（14：00）比自然裸地还差。

3. 不同地面类型微气候舒适度同时刻比较

在10：00前和17：00后，4种地面铺装的微气候舒适度差异微弱。10：00—17：00之间，沥青地和石板地比草地和自然裸地的舒适性差。但同时刻比较，四种地面类型的微气候舒适度值差异并不显著，WBGT最高差值仅为1.9℃。原因如下：

第一，空旷场所中，四种地面类型1.5米处的气温差别很小，在1℃以下。相关研究表明，在0.8米高度以下，地面铺装类型对气温有较显著影响[1]，但在1米以上，草地的降温效果并不显著。

第二，空旷场所中，四种地面类型同时刻接受的太阳辐射照度相同，风速差异微弱，几乎均处于静风状态，风速最大为0.6m/s。

第三，草地增湿效果明显。同时段（12：00—16：00之间），草地湿度最大，相对湿度比其他3种类型高5%—10%。但高温下，湿度大只会增加不舒适感。因此，空旷草地景观在夏季的微气候舒适度并不舒适。

因此，在辐射照度、风速基本一致的条件下，地面铺装材质的颜色不同、热容量不同，对太阳辐射反射不同，致使气温和湿度不同而使微气候舒适度不同。

（三）冬季不同地面铺装类型微气候比较

根据整理的冬季地面铺装观测的微气候参数（附录3-2）计算TS值（图3-3），分析冬季不同地面铺装场所中微气候。

---

① 林波荣：《绿化对室外热环境影响的研究》，博士学位论文，清华大学，2004年，第32—43页。

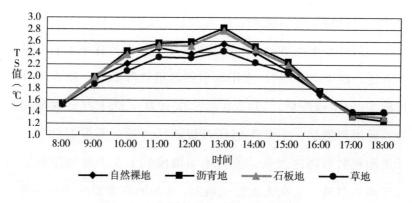

图 3 - 3　地面铺装与冬季微气候（TS 值）

1. 微气候变化趋势分析

在景区开放时间内，在 8：00—9：00 和 16：00—18：00 之间，由于太阳辐射照度低，湿度大，并受风力影响，微气候舒适度冷，均在 2℃ 以下。但在 10：00 到 15：00 之间，因为天气晴朗，太阳辐射照度好，观测地无遮蔽物，故微气候舒适度值均在 2℃ 以上，特别 13：00—14：00 之间，微气候舒适度在 2.2℃ 以上，令人舒适，非常适宜开展户外活动。但 TS≥2℃ 的时数仅有 6 小时。说明在冬冷夏热型湿热景区露天场所中，即使连续晴天，一天中微气候大部分时间还是偏冷的。

2. 不同地面铺装微气候比较分析

在有太阳辐射时，微气候 TS 值呈草地 < 自然裸地 < 石板地 < 沥青地。在 10：00 到 15：00 之间，沥青地的微气候 TS 均值最高，分别比草地、自然裸地和石板地的均值高 0.28℃，0.17℃ 和 0.05℃。原因可能是：①微气候 TS 值与气温和地面温度成正比。因颜色和透水性不同，4 种地面类型吸收的太阳太阳辐射热不同而使其地面温度和 1.5 米处气温的高低排序是沥

青地＞石板地＞自然裸地＞草地。②微气候 TS 值与相对湿度成反比。四种地面类型中，相对湿度是草地＞自然裸地＞石板地＞沥青地，在 16：00 后，太阳辐射照度迅速降低后，沥青地和石板地 TS 值迅速降低。17：00 后，TS 值甚至低于自然裸地和草地。原因可能是：①沥青地和石板地热容量低而保温性差，在无太阳辐射后迅速散热，使其地面温度和 1.5 米处气温低于自然裸地和草地。②在无太阳辐射时，4 种地面类型的相对湿度差值不大。

在 8：00—18：00 之间，4 种地面铺装类型的 TS 值大小是沥青地（1.56℃）＞石板地（1.46℃）＞自然裸地（1.17℃）＞草地（1.02℃）。

（四）小结

户外开敞环境中，不同地面铺装类型（草地、自然裸地、石板地、沥青地）1.5 米高处的气温差别在 1℃以内，而草地的增湿效果能达到 10% 左右。湿热气候区中，无论冬夏，湿度高大都致使微气候不舒适。因此，湿热地区不适宜空旷单一的草地景观。

户外开敞环境中，不同地面铺装类型（草地、自然裸地、石板地、沥青地）微气候变化幅度不同。沥青地和石板地的微气候值随太阳辐射照度的高或低而迅速升高或降低；草地和自然裸地的变化幅度相对更小。

就单一地面类型而言，太阳辐射照度和风速影响气温、环境辐射温度、地表温度和相对湿度。因此夏季遮阳通风和冬季接受阳光并挡风利于提升场地微气候舒适度。

二　植物景观对微气候的影响

（一）观测点

杜甫草堂选择的观测点情况见表 3 – 4。林荫道选择基本无太阳直射的迎风和背风处分别观测，香樟密林选择密林中无太阳直射处观测，草地选择中部，太阳直射处观测。

表 3 – 4　　　　　　　　不同植物景观观测点主要特征

序号	观测地点	观测地特征简述	测点位置	观测地照片
1	楠木园林荫道东东南段	道路石板铺地，路宽 2 米，道路两旁绿地种植银杏、栾树等落叶乔木，楠木、香樟等常绿乔木，慈竹、毛竹等常绿竹，及南天竹、女贞等灌丛。银杏高约 8 米，枝高约 4 米；栾树高约 8 米，枝高 5 米左右，慈竹、毛竹高约 7 米，杆高 4 米以上，香樟高 10 米以上，枝高 6 米以上，地面种植吉祥草。游客在石板路漫步，看到的基本为各类植物	在北偏东段石板路中间 1.5 米高处观测	
2	楠木园林荫道北北东段	道路从北偏东向转弯为东偏南向，每段各长约 150 米道路基本无太阳直射。观测点直径 40 米内无大型建筑，直径 20 米内无水体	在东偏南段石板路中间 1.5 米高处观测	
3	香樟密林	枝高 0.8—1.8 米，香樟冠幅浓密重叠覆盖场地，阳光难以投射。地面为自然裸地，大部分覆盖香樟落叶，长少量结缕草。观测点为密林中，无太阳直射，直径 40 米内无大型建筑，直径 20 米内无水体	林下离地面 1.5 米处测量	
4	草地	草地草为麦冬草，四季常绿，草高 4—6 厘米。空旷，太阳直射。观测点直径 40 米内无大型建筑，直径 20 米内无水体	离草地 1.5 米高处观测	

（二）夏季不同植物景观微气候分析

根据整理的夏季不同植物景观中的实测微气候参数（附录 3－3）计算 WBGT 值（图 3－4），分析夏季不同植物景观场所微气候。

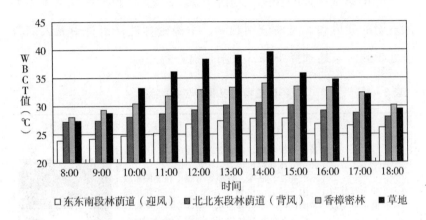

图 3－4　夏季植物景观与微气候（WBGT 值）

1. 微气候的总体变化趋势分析

早上 8：00—10：00，4 种植物景观环境的微气候都是令人舒适的，因为此时间段内，太阳辐射不强，温度不高。10：00 以后，空旷草地和密林环境的微气候逐渐令人不适，在 11：00—17：00 之间，微气候达到难忍受的很热状态，特别在 12：00—14：00 达到极端最高值。空旷草地微气候差的主要原因是太阳辐射强，高温高湿，并且基本处于静风状态。密林环境虽然太阳辐射照度低，但静风环境中的高温高湿同样令人不舒适。而迎风林荫道因为树林遮阴降温，太阳辐射照度低，通风降温除湿，开放时间内微气候舒适度值一直在 28℃以下，体感舒适。

2. 同时刻不同植物景观环境中微气候比较

在 10：00 前和 17：00 后，4 种类型植物景观环境微气候

WBGT 值差异微弱。10：00—17：00 之间，香樟密林和草地比林荫道的舒适性差。但同时刻比较，四种地面类型的微气候舒 WBGT 值在太阳辐射照度强时，差异显著，最高差值为 14：00 草地与通风林荫道之间的 WBGT 值，相差 11.8℃。在 10：00—17：00 之间，微气候 WBGT 值比较：通风林荫道 > 背风林荫道 > 香樟密林 > 空旷草地，但在 10：00 之前和 17：00 后，香樟密林 WBGT 值有时低于空旷草地。在整个观测时间段内，迎风林荫道微气候是最好的。

3. 原因分析

从影响微气候 WBGT 值的微气候参数初步分析上述情况，原因如下。

第一，树荫和绿地结合的场地的空气温度要明显低于其他场地的空气温度，尤其当太阳辐射较强的时候，差别能达到 2℃ 左右。林荫道枝叶繁茂的树冠的遮阳作用非常明显，太阳辐射照度为空旷草地的 20% 左右。同时，迎风林荫道的风速对场地降温除湿。因此，迎风林荫道微气候远远好于其他植物景观场所。因此，观测时间段内，林荫道一直有游客活动。

第二，同植被类型的场所太阳辐射照度相差很小，但背风处风速远低于迎风处。因此，背风处林荫道的气温、环境辐射温度和相对湿度都可能高于迎风处林荫道的同时刻相应气象参数，因此，背风处林荫道的微气候舒适度在 13：00—15：00 之间达到热的程度，比迎风处的微气候舒适度差。

第三，密林的遮阳效果明显，但微气候并不好。香樟分枝点低，密不透风增加场所温度和湿度。密林在早上 10：00 以后 WBGT 值就超过了 30℃，达到热的状态；在 12：00—17：00 之间

WBGT 值超过 32℃，达到很热状态。当太阳辐射照度不太强时，密林的遮阳优势难以体现。因此，9：00 以前和 17：00 以后，香樟密林的微气候舒适度不如空旷草地。

（三）冬季不同植物景观微气候分析

根据整理的夏季不同植物景观中的实测微气候气象参数（附录 3-4）计算 TS 值（图 3-5），分析冬季不同植物景观场所微气候。

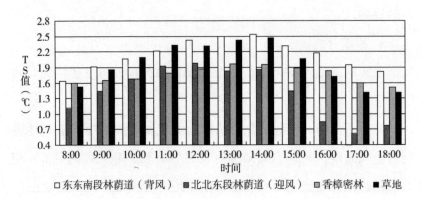

图 3-5　冬季植物景观与微气候（TS 值）

1. 微气候的总体变化趋势分析

早上 8：00—10：00 和下午 16：00—18：00，4 种植物景观观测点的微气候 TS 值都小 2℃，人体舒适度为冷。因为此时间段内，太阳辐射照度低值甚至没有，场地冷风加剧冷感。10：00—15：00，背风林荫道和空旷草地的 TS 值大于 2℃，令人舒适。但密林和迎风林荫道因为遮挡太阳光或受冷风影响，在景区整个开放时间段内微气候 TS 值均低于 2℃，人体舒适体度感是冷。因此，观察时间段内，密林中无人，迎风林荫道只有匆匆过路人员，没有停留者。

2. 不同植物景观观测点微气候比较分析

同时段微气候 TS 值大小比较表现为：迎风林荫道 < 香樟密林 < 空旷草地 < 背风林荫道。背风林荫道 TS 平均值比空旷草地、香樟密林、迎风林荫道分别高 0.17℃，0.38℃ 和 0.73℃。4 种植物景观场所 TS 极端最低值比较为：背风林荫道（1.64℃）> 香樟密林（1.51℃）> 空旷草地（1.41℃）。同一植物景观场所在景区开放时间段内 TS 值变化差异大小比较：迎风林荫道（1.36℃）> 香樟密林（1.44℃）> 空旷草地（1.41℃）> 背风林荫道（0.9℃）。

3. 原因分析

从影响微气候的微气候参数方面初步分析上述情况，原因大致如下。

第一，微气候 TS 值与气温、地面温度、太阳辐射照度成正比，与风速、湿度成反比。太阳辐射照度和风速都影响气温、地面温度和湿度。即在冬季，场地内接收的太阳辐射照度越高，气温和地面温度越高，相对湿度越低，则 TS 值越高，微气候舒适度越好；反之也成立。场地内风速越大，气温、地面温度和相对湿度越低，则 TS 值越低，微气候越差。即太阳辐射照度和风速是影响冬季微气候的主要气象参数。

第二，背风林荫道和香樟密林的微气候差异主要是太阳辐射照度差异引起的。背风林荫道为落叶乔木，能吸收 85% 左右的太阳辐射照度，而香樟密林只能吸收 10% 左右的太阳辐射照度。冬季太阳照射绿化场地，对湿度影响不太明显。背风林荫道和香樟密林在太阳辐射照度值相差超过 $150W/m^2$（10：00—14：00）时，湿度相差不超过 2%。对气温和地面温度的影响较明显，温度相差约 2℃，地面温度相差约 4℃。因此，当太阳辐射较强时，背风林荫道和香樟密林的微气候差异明显，整个开放时间段内，背风林荫道的微气候大部分超过 2℃，为舒适状态，而香樟密林小于 2℃，为不舒适的冷状态。但当太阳辐射照度不强时，两者的微气候 TS 值相差不大，约为 0.3℃。

第三，背风林荫道和迎风林荫道微气候差异主要原因是风速差异引起的。两个观测点接受的太阳辐射照度相差无几。但风速差异大，差值最大为 2.6m/s，最小为 0.7m/s。风速不同也引起气温和地面温度差异，约 2℃。对湿度的影响不太明显，约 1%—2%。因此，两观测点微气候差异与风速差异是成正比的。风速差值最大时，微气候 TS 值差值最大，为 1.33℃。

第四，空旷草地微气候不是最好的。其风速高于香樟密林和背风林荫道，低于迎风林荫道，但其太阳辐射照度稍高于林荫道，远高于香樟密林。因此，其微气候 TS 值在大部分时间段内比香樟密林和迎风林荫道好，比背风林荫道差。

（四）小结

植物改善微气候效果较显著。但在植物景观场所中，植物类型对场地本有的温度和湿度影响不太明显，主要是遮阴而降低太阳辐射照度或形成风道风障影响风速，因太阳辐射照度和风速不同而影响温度和湿度。微气候参数叠加影响而致使不同植物景观场所的微气候差异明显。

因此，冬冷夏热型湿热气候区植物景观场所规划设计时，植物选择要尽量选择落叶植物，分枝点约在 2 米。植物的空间布局应注意夏季导风，冬季防风。

三 水体景观对微气候的影响

（一）观测点

在杜甫草堂选择自然露天裸地、楠木园休憩点、楠木园水渠（宽 0.6—1 米）、面积约 2 公顷的水系边露天背风处和柳树遮阴的迎风处观察，观测点情况特征如表 3 - 5 所示。

表 3 - 5　　　　　　　　不同水体观测点情况特征

序号	观测地点	观测地特征简述	测点位置	观测地照片
1	楠木园水渠	水渠宽 0.6—1 米，水渠边植物同林荫道植物。观测点半径 40 米内无大型建筑，半径 20 米内无其他水体，下风向	临水 0.5 米处，离地 1.5 米高处观测	
2	水系景点（露天）	水体面积约 2 公顷，不规则，最宽处约 150 米。观测点太阳直射，上风向，半径 40 米内无大型建筑，半径 20 米内无其他水体	临水 0.5 米处，离地 1.5 米高处观测	
4	水系景点（树荫下）	水体面积约 2 公顷，不规则，最宽处约 150 米。观测点柳树遮阴，柳树枝高 2—2.3 米，下风向，半径 40 米内无大型建筑，半径 20 米内无其他水体	临水 0.5 米处，离地 1.5 米高处观测	
5	自然裸地	观测点阳光直射，半径 40 米内无大型建筑，半径 20 米内无植物，无水体	离地 1.5 米高处观测	

（二）夏季不同水体景观微气候分析

根据夏季微气候参数观测结果汇总（附录 3 - 5）分析水体对

微气候度的影响（图3-6）。此处分别比较露天场所、非露天场所、相同场所中水体不同面积及相同水体景观中上风向和下风向的微气候。

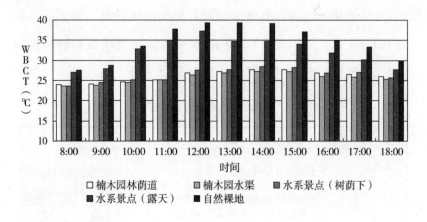

图3-6 夏季水体景观与微气候（WBGT值）

1. 露天场所中有无水体的微气候比较分析

以自然裸地和露天水系景点（上风处）为例做比较。

微气候WBGT值总体变化趋势分析，两种场地在8：00—9：00和18：00后，微气候WBGT均值低于28℃，令人舒适。在10：00—17：00之间，均超过30℃，体感热，这一时间段场地内几乎无人活动。原因是9：00以前和17：00后，太阳辐射照度相对低。9：00以后，太阳辐射照度逐步增加，场地空旷，接受的太阳辐射照度高，致使场地气温和环境辐射温度高，三因素叠加，场地微气候热舒适度差。

同时段两场地微气候舒适度比较：8：00—9：00和16：00—18：00，微气候WBGT值差异不大，平均相差0.3℃。此时间段内，太阳辐射照度低，场所中的气温、环境辐射温度和湿度差异不明显。在10：00—17：00之间，WBGT值差异明显，平均相差1℃，最高相差4.6℃。这是因为尽管场地接受的太阳辐射照度基本相同，但水体对场地的降温效果较明显，此时间段内水系景点平均气温和环境辐射温度比自然裸地低1—1.5℃。

2. 相同水体面积中，不同风向处的微气候比较分析

以水系景点上风处（露天）和下风处（树荫下）作比较分析。

下风处（树荫下）在整个开放时间段内微气候 WBGT 值最高不超过28℃，令人舒适。而上风处 8：00—9：00 和 18：00，微气候 WBGT 值低于28℃，10：00—16：00，微气候 WBGT 值超过30℃，最高达到37.3℃，非常令人不舒适。从两处观测点的气象参数可揭示微气候不同的原因：上风处为露天，下风处有柳树遮阴，前者太阳辐射照度比后者高1倍左右。下风处风力比上风处平均高0.8m/s，最高差值为1.3m/s。气温平均相差1.6℃，下风处比上风处最高低2.9℃。

疏林遮阴处温度比不遮阴处温度平均低1℃。假设两处都是露天，太阳辐射照度调整为相同，水系景点树荫下温度调高1℃，其他气象参数不变，比较树荫下和露天微气候 WBGT 值（图3-7）：下风处（树荫下）的 WBGT 值比上风处（露天）平均值低5.4℃。原因可能是：第一，水系景点形状不规则，两处测点位于水系相隔最远的两端，相距约300m。风在无阻挡的环境下，风速与距离成正比，因此，下风处（树荫下）的风速大于上风处；第二，水体的降温作用使得通过水系的风将冷空气带到下风处，下风处气温低于上风处。

3. 树荫下不同水体面积的微气候比较分析

以楠木园水渠和水系景点（遮阴处）为例比较分析。两种场地大部分时间段内的微气候 WBGT 值均低于27℃，微气候令人舒

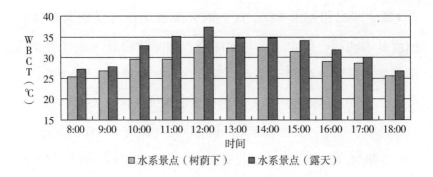

图 3 - 7　夏季相同水体不同风向的微气候（WBGT 致）（无遮阴效果）

适。原因是这两种场所中均有植物遮挡太阳辐射，都处于下风处，气温、环境辐射温度最高不超过 30℃，风速平均 1 - 1.2m/s，太阳辐射辐射照度最高不超过 355W/m² （附录 3 - 5）。

两种场地同时段微气候 WBGT 值比较分析。总体上，楠木园水渠的微气候略好于水系景点，两种场地微气候舒适度差异不明显，WBGT 值平均相差 0.3℃，最高相差 0.6℃。是否水体面积对微气候舒适度影响不大。

两种场地微气候舒适度差异微弱是多种因素素形成的。微气候 WBGT 值是复合指标，是气温、场地辐射温度、风速、湿度和太阳辐射照度等多气象参数的综合影响值。

分析两种场地的气象参数。楠木园水渠和水系景点（遮阴处）均处于下风向，但水系景点的风速高于楠木园水渠，原因可能是水系景点的水体面积远大于水渠，水陆气压差更大，引起风速更大。楠木园水渠观测点是乔木覆盖，基本无太阳直射，水系景点观测点为单一植物柳树，部分太阳直射，太阳辐射照度远大丁楠木园水渠，由此气温和环境辐射温度也高于楠木园水渠。

　　楠木园植被比水系景点丰富，如前所述，植物的降温作用很明显，约降温2℃，水系景点植物单一稀疏，受太阳辐射照度平均比楠木园高40%左右（附录3-5），但水系景点气温平均比楠木园水渠仅高0.6℃，说明水体面积越大，降温效果越明显。

　　假设楠木园水渠和水系景点接受同样的太阳辐射照度，同时去掉植物降温因素，楠木园平均气温调高2℃，其他气象参数不变，则两处的微气候WBGT值比较（图3-8）：楠木园水渠比水系景点（遮阴处）WBGT值平均高1.8℃。说明水体面积越大，其降低温度，增加风速而改善夏季微气候舒适度的效果越显著。

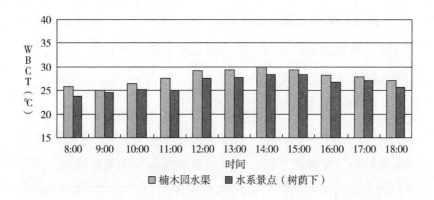

图3-8　夏季不同面积水体景观与微气候（WBGT值）（无植物遮阴效果）

　　（三）冬季水体景观对微气候的影响

　　观测点、观测数据、观测方式与夏季观测点相同。夏季的上风处（露天）变成了冬季的下风处，夏季的下风处（树荫下）变成了冬季的上风处。

　　根据整理的冬季不同水体景观中的气象参数（附录3-6）计

算 TS 值，分析冬季不同水体景观场所中微气候（图 3 - 9）。

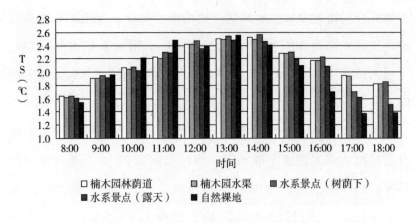

图 3 - 9　冬季水体景观与微气候（TS 值）

1. 开放时间段内微气候总体变化分析

5 种景观类型大部分时间段的 TS 值大于 2℃，说明总体上舒适。原因是场地无遮盖物，接受的太阳辐射相对较多，增加气温和地表温度，降低湿度。

2. 不同景观场所微气候比较分析

相同时间段内微气候 TS 值相差并不明显，TS 值相差仅 0.18℃。引起差异的气象参数分析：水系景点的气温和地表温度比自然裸地和楠木园的气温略高，这是因为水体的热容量高于陆地地面，水体具保温作用。楠木园中林荫处和水渠相差几乎没有，说明小水体对气温和地表温度的影响微弱。差异相对明显的是风速，水系景点中，上风处（柳树下）和下风处（露天）风速相差平均约 0.6m/s，最高差值为 1.2m/s，原因是经过水系后风速增大。水系景点上风处（柳树下）的风速与楠木园林荫道、水渠几乎无差别，但比自然裸地的风速平均低 0.2m/s。原因自然裸地为空旷环境，水系景点上风处紧邻楠木园，为其形成风障。

因此，冬季，单一水体景观对气温和地表温度的影响不太显著，但水体景观场所中风向不同引起风速不同而影响微气候。

（四）小结

夏季，水体的降温作用较明显，水体面积越大，降温效果越明显。冬季对气温的调节作用不太显著。同一水体景观中，下风向比上风向的温度低，风速大。因此，景观规划设计中应营造尺度适宜的水体景观并有效利用风向，改善微气候。

四　建筑景观对微气候的影响

（一）观测点

选择无遮阴的廊、廊外的露天院子，有遮阴的轩、轩外院子和茅亭作为观测对象，观测点情况特征如表3－6所示，观测时间同前。

表3－6　　　　　　　　　　不同建筑景观观测点主要特征

序号	观测地点	观测地特征简述	测点位置	观测地照片
1	廊	廊内净高约3.5米，屋顶为瓦覆盖，木柱木座椅，石板铺地。廊与厅、堂等围合成院子。有蜡梅、桂树等灌木和十大功劳、吉祥草等地被植物，无遮阴。廊顶无遮阴。周围20米内无水体，无大型建筑物	廊内中央离地1.5米处	
2	廊外院子	石板铺地，院子周围不连续小块绿地，有腊梅、桂树等灌木和十大功劳、吉祥草等地被植物，无遮阴	院内中央，无遮阴并离地1.5米处	

序号	观测地点	观测地特征简述	测点位置	观测地照片
3	听秋轩外院子	听秋轩外，青石板铺地，院子四周种植香樟、银杏等，树高6—10米不等。院子左右两边有绿地，种植柏树、香樟、银杏、竹子、女贞、吉祥草等。部分地方未遮阴。周围20米内无水体，无大型建筑物	院子中遮阴处，1.5米高处	
4	听秋轩	轩内净高约4米，屋顶为瓦覆盖，木柱木座椅，石板铺地。前后院子，左右为香樟、银杏，少量竹子等，树高2—10米不等。少量阳光直射屋顶。周围20米内无水体，无大型建筑物	轩内正中离地1.5米高处观测	
5	茅亭	位于小山坡上，亭内净高约3米，草顶，木柱木座椅，石板铺地。周围植物为香樟，银杏、竹子，植物高2—10米不等。少量阳光直射屋顶。周围20米内无水体，无大型建筑物	亭内正中离地1.5米高处	

（二）夏季建筑景观对微气候的影响

根据整理的夏季不同建筑景观中的微气候参数（附录3-7）计算 WBGT 值（图3-10），分析夏季不同构筑物场所中微气候。

1. 有遮蔽物场所的微气候舒适度比空旷场所微气候舒适度好

露天场所（廊外院子）的 WBGT 均值为34.9℃，有遮蔽物场所的 WBGT 均值为27.8℃。主要原因是遮蔽物减少了约80%的太阳辐射照度。

2. 单一建筑物覆盖场所的微气候 WBGT 值高于植物和建筑物共同覆盖的场所

露天廊卜的平均 WBGT 值为27.9℃，最高值为30.2℃（14：00时），而听秋轩和茅亭因高大植物遮阴避免阳光直射屋顶，WBGT

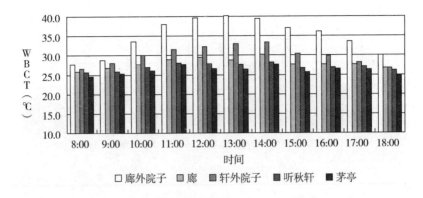

图 3 - 10　夏季建筑景观与微气候 （WBGT 值）

平均值分别 27.1℃ 和 26.2℃，最高值分别为 28.2℃ 和 27.7℃。
主要原因是双重遮蔽下的气温、环境辐射温度和太阳辐射照度都
低于仅是建筑物遮蔽的单一场所。

3. 建筑物材料影响微气候舒适度

在植物遮蔽相近、地面铺装相同的情况下，听秋轩与茅亭
WBGT 值在景区开放时间段内比较，茅亭的 WBGT 均值比听秋轩
低 0.9℃。原因是茅亭的覆盖物为稻草，听秋轩的覆盖物为瓦，
稻草的隔热效果优于瓦，茅草亭下的气温和环境辐射温度分别比
听秋轩平均低 0.6℃ 和 0.8℃，差值不明显的原因是屋顶都有植物
遮阴。

（三）冬季建筑景观对微气候的影响

冬季观测场地和夏季相同，观测微气候参数整理见附录 3 - 8，
微气候舒适度（TS 值）如图 3 - 11 所示。由此分析冬季不同构筑
物景观对微气候的影响。

1. 太阳辐射情况下，露天场所的微气候优于建筑物覆盖场所

没有植物遮阴场所中，廊下空间的微气候舒适度 TS 均值为

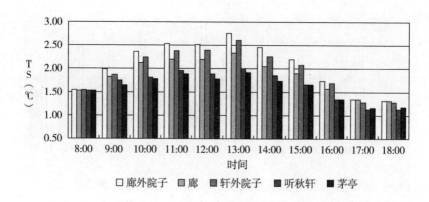

图3-11　冬季建筑景观与微气候（TS 值）

1.85℃，廊外院子（露天场所）的微气候舒适度均值为2.07℃。在植物遮阴场所中，也是如此。轩外院子的 TS 均值为1.97℃，听秋轩和茅草亭下空间的 TS 均值分别为1.64℃和1.60℃。

2. 建筑景观降低太阳辐射照度而影响微气候

气温和太阳辐射照度两个因素叠加影响微气候舒适度值。在9：00以前和16：00以后，5种景观场所的太阳辐射照度很低，其 TS 值差异就并不明显，同时段最高值与最低值相差0.35℃。而在10：00—15：00之间，廊下空间的太阳辐射照度平均为廊外院子（露天场所）的30%，前者 TS 均值比后者低0.34℃。在同样植物遮阴情况下，听秋轩中的太阳辐射照度为轩外场所的20%，前者 TS 均值比后者低0.48℃。

3. 建筑物覆盖材料影响微气候

听秋轩覆盖物为瓦，茅亭为草。瓦的热容量低于茅草，其传热快，散热也快。因此，在太阳辐射高的时段（10：00—14：00），听秋轩内的气温和地面温度比茅亭内高，TS 均值也比茅亭高0.09℃。而在太阳辐射迅速降低甚至没有的时段，听秋轩内的气温和地面温度降温也比茅亭内快，在17：00—18：00之间，茅亭内的气温和地面温度分别比轩内高0.2℃和0.1℃，TS值平均高0.03℃，差值不明显是因为场地面积很小。

（四）小结

户外休憩场地建筑在夏季主要是遮挡太阳辐射，并改变空间内的温度而改善微气候舒适度，但冬季遮挡阳光则降低微气候舒适度。因此，建筑应根据日照方向布局，夏季遮挡太阳，冬季则使场地接受更多阳光。

建筑材料热容量越大，保温性越好，建筑空间内的微气候越稳定。

第四节　户外景观要素微气候相关性分析

上述研究表明，冬冷夏热型湿热气候区中夏季微气候相对更不舒适，景观要素对微气候的影响也相对更显著。因此，此处讨论冬冷夏热型湿热气候区夏季户外景观要素的相关性，其意义在于：

第一，研究结果可为优化场地热环境提供理论基础和技术借鉴。通过讨论景观要素的微气候相关性，可以为这些疑问提供研究思路和实现途径：湿热气候区中，影响微气候舒适度的关键性气候参数是哪些？借助哪些景观要素能更有效地改善这些关键性的气候参数从而改善微气候舒适度？

第二，研究结果对同类气候区适应气候设计、提升户外微气候舒适度具有借鉴意义。湿热气候区是中国人口密集区，该气候区的居民有强烈户外活动和户外交往的需求。此实证研究将为湿热气候区规划设计满足居民热舒适需求的户外空间提供新的研究思路和技术方法。

一 观测方法和观测内容

(一) 观测场地和观测时间

在成都市百花潭公园选取 7 个观测点同时进行数据观测，这 7 个观测点都属于较空旷场地，周围无大型建筑（表 3 - 7）。成都市湿热气候特最显著的时间段为每年 7—8 月，结合天气预报（预定观测日期），分别在 2016—2019 年的 7—8 月选择连续 3 个晴天后的晴天进行测量，一共实测 8 天，分别是：2016 年的 7 月 26 日和 8 月 6 日；2017 年的 7 月 20 日和 8 月 6 日；2018 年的 8 月 14—15 日；2019 年的 8 月 12 日和 20 日。每天测试时间为 12：00—16：00，这一时间段太阳辐射最强，气温和湿度均达到极值[1]，适宜观测和分析景观要素对微气候参数的影响。

表 3 - 7　　　　　　　　成都市百花潭公园观测点情况

序号	景观要素	观测点	观测点特征	观测点照片
1	水体景观	水中	磊园水体，水深 1m，水体面积 600m^2，水中种植荷花、水草等，露天无遮阴，周围空旷	
2		水岸	磊园水体旁石桥，一面临水，石板铺地，水中种植荷花、水草等，露天无遮阴。水深 1m，水体面积 600m^2	

---

① M. Shahrestant, R. M. YAO, Z. W. LUO, et al., A Field Study of Urban Microclimates in London, *Renewable Energy*, 2015, 73 (1): 3 - 9.

续表

序号	景观要素	观测点	观测点特征	观测点照片
3	建筑景观	湖亭	位于慧园水体中，水体深1m，水体面积550m²，重檐瓦顶，净空高4.5m。石板铺地，水中种植水草、荷花等，周围空旷	
4		陆亭	位于慧园旁，单檐瓦顶，净空高2.5m。石板铺地，无植被等覆盖，周围空旷，前面为石板铺地小广场	
5	植物景观	榕树	榕树树冠下，枝高5m，榕树前为约450m²的石板铺地广场，周围空旷	
6		桂花林	面积约500m²，枝高1—1.8m，地被植物为吉祥草，周围空旷	
7	露天场地	广场	位于榕树旁，广场面积约450m²，无遮阴，石板铺地，周围植物高低错落围合，四周空旷	

（二）观测工具和分析方法

采用前述测试仪器为Kestrel4000型手持气象站、JTR05太阳辐射测试仪观测气温、风速、湿度和太阳辐射照度，观测之前已经过校准。所有气象参数均在离地面或水面1.5米处测量并每隔5分钟自动储存。每半小时取平均值，四年的8天对应时段取平均值进行分析。

基于热平衡关系，早期文献根据不同气候区的气候特征建立了通过物理气象参数评估户外热环境的 WBGT 平衡式，选择前述 WBGT 平衡式指标来探讨景观要素的微气候相关性。

（三）观测结果

1. 景观要素的适应性规划设计对热舒适度的正效应明显

7 个观测点中（图 3 - 12），湖亭在观测时间段的 WBGT 平均值为 27.6℃，热舒适度最好；接着依次是水中，30.9℃；水岸，31.3℃；榕树，31.6℃；陆亭，31.8℃；桂花林，35.3℃。广场在观测时间段内的热舒适度最差，WBGT 平均值为 37.75℃，最高值为 39.2℃。同时，观测时间段内，WBGT 变化最大的是露天广场，WBGT 最高值（39.2℃）和最低值（37.3℃）差值为 2.9℃；湖亭的 WBGT 最高值（28.3℃）与最低值（26.7℃）差值为 1.6℃，其差值是 7 个观测点中最小的。

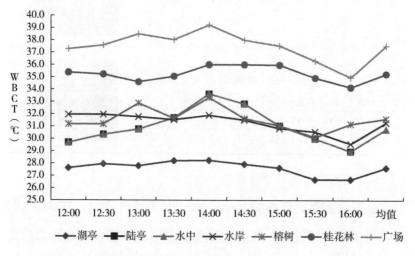

图 3 - 12　百花潭公园观测点夏季热舒适度（WBGT 值）情况

2. 同类景观要素对微气候的影响不同

由图 3 – 12 可看出：同样是植物景观，榕树覆盖空间的热舒适度比桂花林覆盖空间的热舒适度好，前者在观测时间段内的 WBGT 平均值为 31.6℃，后者为 35.3℃，桂花林最高值达到 36.1℃；同是亭子景观，湖亭的热舒适度也优于陆亭，湖亭的 WBGT 最高值为 28.3℃，在整个观测时间内都适宜休憩；陆亭的最高值为 33.7℃，已超过了人体耐热值，不适宜休憩。

二　景观要素微气候相关性分析

观测景观要素对微气候影响的目的是分析影响环境热舒适度的关键性微气候参数，以便选择适宜的景观要素改善关键性的微气候参数。本研究利用各测点对应时段的微气候参数，结合观测点相对湿度、气温、风速、太阳辐射照度与 WBGT 的相关性、微气候参数之间的相关性（利用 correl 函数计算得出变量间相关性系数）进一步分析（表 3 – 8）。

表 3 – 8　　　　　　　　观测点微气候相关性分析

观测点	湖亭			陆亭			水中			水岸		
热舒适度	WBGT	湿度	温度	WBGT	湿度	温度	WBGT	湿度	温度	WBGT	湿度	温度
温度	0.838	0	1	0.759	0	1	0.589		1	0.663	0	1
风速	-0.790	-0.569	-0.757	-0.381	-0.259	-0.111	-0.424	-0.573	-0.893	-0.890	-0.490	-0.466
SR	0.599	-0.256	0.328	0.432	-0.244	0	0.927	-0.295	0.623	0.887	-0.220	0.376
湿度	0.592	1	0	0.538	1	0	0.545	1	0	0.349	1	0

观测点	榕树			桂花林			广场		
热舒适度	WBGT	湿度	温度	WBGT	湿度	温度	WBGT	湿度	温度
温度	0.613	0	1	0.414	0	1	0.758	0	1
风速	-0.791	-0.230	-0.419	0	0	0	-0.243	-0.353	-0.243
SR	0.341	-0.118	0.046	0	0	0	0.766	-0.691	0.566
湿度	0.698	1	0	0.838	1	0	0.358	1	0

备注：SR 表示太阳辐射照度。

（一）微气候参数与热舒适度的相关性分析

1. 气温

7个观测点中（图3-13），气温平均值超过29℃的分别是榕树下空间（29.4℃）、桂花林下空间（29.4℃）、陆亭（30.1℃）、水岸（30.1℃）和广场（32.3℃），湖亭和水中的平均温度分别为28.5℃和27.3℃，7个观测点平均温度最高值与最低值之间相差5℃。观测时间段内，温度最高值出现在14：30，最高值是广场（34.0℃），最低值是水中（27.0℃），两者相差7.0℃。初步原因是：广场是露天环境，石板铺地，观测时间段内吸收太阳辐射照度强，加之石板热容量低，广场温度高，水体降温效果明显，湖亭和水中的温度相对更低。

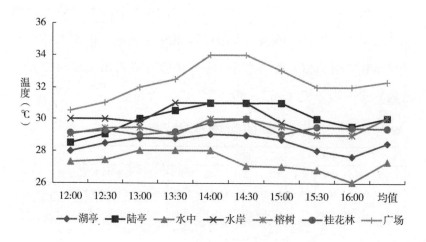

图3-13 百花潭公园观测点夏季温度情况

从温度与微气候舒适度的相关性看（表3-8）：7个观测点温度与WBGT相关性r全部大于0.3，说明7个观测点的温度与热舒适度是呈线性正相关。其中，湖亭温度与WBGT相关性r值为0.838，说明湖亭的温度与WBGT高度相关；陆亭和广场温度与 WBGT 的相关系数 r 分别为 0.759、0.756，说明温度与 WBGT 显著相关。这 3 个观测点中，微气候参数分别与 WBGT 相关性 r 值比较中，温度与 WBGT 的相关性值 r 是最高的，说明这 3 个观测点的温度是影响微气候舒适度的关键要素。

2. 风速

夏季湿热气候区的风速提升微气候舒适度。7 个观测点中（图 3 - 14），平均风速超过 1.00m/s 的有水中（1.52m/s）、湖亭（1.50m/s）和水岸（1.45m/s）。榕树下空间风速不高，平均值为 0.38m/s，榕树与广场相邻，榕树下空间平均温度为 29.4℃，广场平均 32.3℃，两者间温差为 2.9℃，温差具备了形成风的理论条件，但榕树是孤植，遮阴面积相对小，降温幅度相对低，温差相对更小，因此榕树下空间的风速偏低，但榕树下空间与广场的温差持续存在，故观测时段内榕树下空间的风速稳定，没有静风状态。陆亭和广场的平均风速都很低，分别为 0.30m/s 和 0.20m/s，趋于静风状态，陆亭平均气温为 30.1℃，陆亭外为石板露天铺地，两者温差不大，故风速也偏低。广场是 7 个观测点中气温最高的，温差相对最低，故风速最低。桂花林下空间风速最低，平均风速仅为 0.10m/s，大部分时段处于静风状态，主要原因是桂花树种植密集，且分枝点低，郁闭度高，林中透风率低。

从风速与 WBGT 的相关性看（表 3 - 8），7 个观测点中，桂花林下空间的风速与 WBGT 的相关系数 r 为 0，说明风速与微气候舒适度完全不相关，主要原因是桂花林下空间的风速几乎为 0。其他观测点的风速与 WBGT 的相关系数 r 都小于 0，说明风速降低了 WBGT。其中，广场风速与 WBGT 相关系数为 - 0.243，几乎

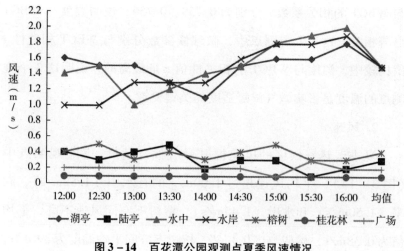

图3-14 百花潭公园观测点夏季风速情况

不相关，原因是广场风速很低，平均仅为 0.20m/s；陆亭的风速与 WBGT 的相关系数 r 为 -0.381，低度相关，原因是陆亭的风速也低，平均为 0.30m/s。7 个观测点中，水岸风速与 WBGT 的相关系数 r 为 -0.886，高度相关，说明风速是改善水岸微气候的主要因素；湖亭的风速与 WBGT 的相关系数 r 为 -0.790，显著相关，说明风速也是改善湖亭热舒适度的重要因素；榕树下空间的风速与 WBGT 的相关系数 r 为 -0.791，4 个微气候参数与 WBGT 相关性比较中，风速与 WBGT 的相关系数 r 是最高的，说明风速是改善榕树下空间微气候的关键因素。

3. 太阳辐射照度

7 个观测点中（图 3-15），太阳辐射照度均值相对高的是露天场所的广场（682W/m²），水岸（653W/m²）和水中（635W/m²）。由于水体的反辐射作用，3 个观测点中，水中的太阳辐射照度值相对更低。由于建筑或植物遮阴，榕树下空间、桂花林下空间、陆亭、湖亭的太阳辐射照度值都相对偏低，平均值分别为 289W/m²、

$267W/m^2$、$231W/m^2$、$214W/m^2$，榕树是单株，其遮蔽阳光的效果不如林地强，榕树下空间的太阳辐射照度比桂花林下空间的高。同样是亭式建筑，水体的反射率高于陆地，湖亭的太阳辐射照度值比陆亭低。

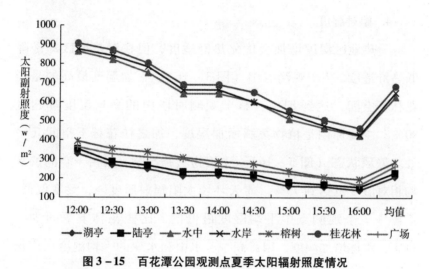

图3-15　百花潭公园观测点夏季太阳辐射照度情况

从太阳辐射照度与WBGT值的相关性看（表3-8），露天场所太阳辐射照度与微气候舒适度的相关性比遮阴场所的相关性明显，7个观测点中，太阳辐射照度与微气候舒适度高度相关的是露天水中，r值为0.927，接近完全正相关；露天场所水岸太阳辐射照度与WBGT相关系数r为0.887，高度相关，露天广场太阳辐射照度与WBGT相关系数r为0.766，显著相关，接近高度相关；露天场所太阳辐射照度与WBGT相关系数r大，说明露天环境中太阳辐射照度是影响微气候舒适度的重要因素。遮阴观测点中：桂花林下空间的太阳辐射照度与微气候舒适度的相关性r值（0.135）最低，几乎不相关，主要原因是桂花林下空间遮蔽度高，太阳辐射照度值低，影响其舒适度的主要因素不是太阳辐射照度。湖亭、陆亭、榕树下空间 3 个观测点的太阳辐射照度与微气候舒适度的相关系数高于桂花林下空间，但低于露天测点的相关系数，因为湖亭、陆亭和榕树下空间是半遮阴场地。因此，夏季露天场地中，太阳辐射照度是影响微气候舒适度的重要因素。

4. 相对湿度

干热地区湿度增加会优化热舒适度，但在湿热地区却是降低热舒适度。7 个观测点中（图 3 - 16），平均湿度最高的是桂花林下空间，达到 81%，整个观测时段内的平均湿度都超过 80%，主要原因是植物蒸腾增加湿度，加之桂花林下空间几乎处于静风状态（图 3 - 16）。受植物蒸腾影响，榕树下空间的平均相对湿度也达到 75%。露天环境太阳辐射照度强，湿度偏低，广场是 7 个观测点中平均湿度最低的，比桂花林下空间少了 11%，水体增加湿度，因此湖亭、水中和水岸的平均湿度比广场高，分别为 73%、73%、72%。

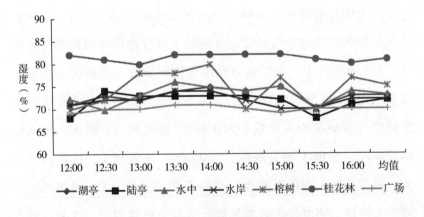

图 3 - 16　百花潭公园观测点夏季湿度情况

从湿度与 WBGT 的相关性看（表 3 - 8），相关系数 r 较低的是广场和水岸，分别为 0.358 和 0.349，接近不相关，说明湿度对这 2 个观测点的微气候舒适度影响不大。桂花林下空间平均湿度最高，湿度与微气候舒适度的相关性也最明显，r 为 0. 838，高度相关，说明湿度是影响桂花林下空间微气候舒适度的主要因素。榕树下空间的平均湿度也较高，与微气候舒适度的相关系数 r 为 0. 698，显著相关，说明湿度对其微气候舒适度的影响也明显。湖亭、陆亭、水中 3 个观测点的相对湿度比桂花林下空间和榕树下空间低，与微气候舒适度的相关系数也比桂花林下空间和榕树下空间低，分别为 0. 592、0. 538 和 0. 545，对微气候舒适度影响明显。

（二）微气候参数之间的相关性分析

从以上分析看出，7 个观测点中的温度、湿度与微气候舒适度都呈正相关，冬冷夏热型湿热气候区，人体主观不舒适的直观感知是高温、高湿。因此，以下分析各观测点 4 个微气候参数分别与温度、湿度的相关性（表 3 - 8），以探讨影响温度和湿度的微气候参数。

1. 风速与温度、湿度的相关性

风速对温度、湿度的影响效应明显，特别是在水体景观中。湖亭、水中、水岸 3 个测点风速与温度的相关系数 r 分别为：- 0. 757、- 0. 893、- 0. 466，其相关性分别是高度负相关、显著负相关和实际负相关；风速与湿度的相关系数 r 分别为 - 0. 569、- 0. 573、- 0. 490，其相关性是实际负相关，说明风速降低水体景观温度和湿度。此处降温效果比相关研究显著①，主要原因是这 3 个观测点位于迎风处，风速与温度之间形成良性循环：风速增加降低温度，由此增加观测点与无风区的温差，温差形成气压

---

① 陈宏、李保峰、周雪帆：《水体与城市微气候调节作用研究：以武汉为例》，《建设科技》2011 年第 22 期。

差又增加风速。相关研究表明湿热气候区水体的增湿作用明显[1]，但这 3 个观测点的湿度与其他 4 个观测点相比，差异并不明显，甚至低于桂花林下空间的湿度（图 3 - 16），主要原因是实测的水体周围空旷，且顺应风向，即风速增大而降低了湿度，而国内相关实测水体周围的建筑物形成风障，风速减小，水体增湿明显[2]。风速、气温等多参数叠加，因此，3 个水体景观的微气候舒适度比其他观测点更优，观测时间段内变化幅度相对更平稳。

植物景观中的榕树下空间和桂花林下空间 2 个观测点，风速与温度的相关系数 r 分别为 - 0.429 和 0，其相关性分别是实际负相关和不相关；风速与湿度的相关系数分别为 0.230 和 0，其相关性分别是低度负相关和不相关。风速对植物观测点的微气候效应没有水体景观显著，尽管植物遮阴起到一定的降温作用，但桂花林密闭且分枝点低，通风性差，基本处于静风状态，植物蒸腾增加湿度，所以桂花林下空间的平均湿度达到 81%，而平均温度也达到 29.4℃，因此，桂花林下空间的 WBGT 均值达到 35.3℃，相对非常不舒适（图 3 - 12）。如前所述，单株榕树仅对遮阴空间降温，风速小，因此对热舒适度的改善效果有限。

同是建筑景观，陆亭风速与温度、湿度的相关系数 r 值小于湖亭风速分别与温度、湿度的 r 值，前者相关系数分别为 - 0.111 和 - 0.259，不相关，后者分别为 - 0.757 和 - 0.569，相关性是高度负相关和实际负相关，说明湖亭的风速对温度和湿度的影响

① R. M. YAO, Q. LUO, Z. W. LUO, et al., An Integrated Study of Urban Microclimates in Chongqing, China: Historical Weather Data, Transverse Measurement and Numerical Simulation, *Sustainable Cities and Society*, 2015, 14 (2): 187 - 199.

② 张德顺、王振:《高密度地区广场冠层小气候效应及人体热舒适度研究——以上海创智天地广场为例》,《中国园林》2017 年第 4 期。

明显，而陆亭的风速对温度和湿度影响微弱。主要原因是：湖亭和陆亭建筑材料虽相同，但湖亭周围的水体降低湖亭内温度，陆亭周围的广场石板铺地吸热产生辐射热使陆亭内增温，湖亭与水岸平均温差1.5℃，而陆亭与周围环境几乎无温差，温差产生气压差形成风，加之陆亭内净空高比湖亭低2m（表3－7），通风性比湖亭差，陆亭风速远低于湖亭，风速对温度和湿度的效应也低于湖亭，WBGT值比湖亭高。

露天环境广场的风速与温度、湿度的相关系数 r 分别为－0.243 和－0.353，不相关和低度负相关，说明广场风速对温度和湿度影响微弱。主要原因是露天环境和石板铺地吸热使得广场温度是7个测点中最高的（图3－13），而广场风速相对较低，仅高于桂花林下空间（图3－14），因此风速对广场降温、除湿效果很不显著。

2. 太阳辐射照度与温度、湿度的相关性

露天场所的太阳辐射照度与气温的相关性高于遮阴场所的相关性。广场、水中、水岸3个测点中，太阳辐射照度与温度的相关系数分别为0.566 和－0.631，相关性分别为显著相关和显著负相关，说明太阳辐射照度对温度的增加明显，同时也在一定程度上降低了湿度。太阳辐射照度与水中、水岸和广场温度的相关系数 r 分别为：0.623、0.376 和0.566，相关性分别是：显著相关、实际相关、显著相关，说明露天场地太阳辐射照度增温明显；太阳辐射照度与湖亭、陆亭、榕树下空间、桂花林下空间温度的相关系数 r 分别为0.328、0、0.046、0，相关性分别是低度相关、不相关、几乎不相关、不相关，说明遮阴场地太阳辐射照度对温度影响小。7个测点中，广场太阳辐射照度与湿度的相关性最明显，r 为 - 0.691，显著负相关，说明太阳辐射照度显著降低湿度；其余 6 个测点，太阳辐射照度与湿度的相关系数绝对值都小于 0.300，相关性弱，主要原因是水中、水岸、湖亭、桂花林下空间、榕树下空间 5 个测点中水体或植物的增湿性掩盖了太阳辐射照度的除湿性，陆亭无水体或植物增湿，半遮阴环境虽降低太阳辐射照度，但弱化除湿功能。

（三）小结

1. 冬冷夏热型湿热气候区夏季影响微气候舒适度的关键性微气候参数是风速和太阳辐射照度。主观体感上，影响户外微气候舒适度的主要原因是高温、高湿，改善高温、高湿的关键微气候参数是风速和太阳辐射照度。通过上述微气候观测和相关性分析，景观要素改善热环境的关键是通风和遮阴，湿热气候区夏季减少太阳辐射照度、增加风速会形成良性循环：降低温度和湿度，温差又会提高风速，可以很好地改善湿热气候区的微气候。

2. 冬冷夏热型湿热气候区中，水体是改善户外空间热舒适度相对更适宜的景观要素。水体、植物、建筑、露天广场 4 类景观要素的微气候效应中，水体景观的微气候效应最明显，水体景观会形成风道，强化通风效果，顺应风向的水体景观能最大限度地优化热环境。植物和建筑主要是通过遮阴来有效降低太阳辐射照度，且降温来改善覆盖空间的微气候舒适度；植物和建筑景观既会形成风道，发挥通风作用，也会形成风障，阻碍通风。与水体景观相比，植物和建筑对其覆盖空间的降温效果优于水体正上方空间，但相同面积的植物和建筑对其周围环境的降温效果低于同面积水体的降温效果。单一的露天广场缺乏遮阴和通风，微气候舒适度最差。

本章总结

通过实测分析夏热冬冷型湿热气候区景观单体要素对微气候的影响，为景观要素改善户外微气候提供理论基础和技术借鉴：一是单体景观要素中影响微气候的关键因素；二是影响户外微气候的关键性微气候参数和影响关键性微气候的关键景观要素。这一研究方法可以推广运用到其他微气候区划中，探讨如何识别影响微气候的关键性微气候参数和改善微气候的关键性景观要素，为户外空间运用景观要素改善热环境舒适度提供经济高效的实现路径，促进生态健康安全发展。

一　景观单体要素与微气候

第一，地面铺装影响微气候的关键因素是铺装材质。

第二，植物种类、高度及是否遮阳是影响微气候的主要因素。

第三，水体面积大小影响场地湿度、温度和风速而影响微气候。

第四，当建筑物的密度、容积率和高度相对低时，建筑物材料和建筑朝向是影响微气候舒适度的主要因素

第五，风速、风向影响场地的湿度和温度，并且，风速、湿度和温度等要素叠加影响微气候舒适度。因此，景观要素的空间组合布局形成适宜的风道或风障，是改善微气候的重要方式之一。

单一的景观要素，如单一的地面、草地、水体景观的微气候舒适度并不舒适。将地面铺装、植物、水体、构筑物等多要素结合，构建微气候舒适场地。

二 景观要素的微气候相关性

夏热冬冷湿热气候区影响户外热舒适度的关键性微气候参数是风速和太阳辐射照度，进一步的相关性分析得到影响关键性微气候参数的景观要素是水体和植物。户外微气候的改善相对简洁的途径是应用水体景观和植物景观改善风速和太阳辐射照度。

第四章　适应微气候的户外休憩
景观研究与实践

本章导读：基于前述研究，运用景观要素营造微气候舒适的乡村休憩景观，这一景观对乡村产生了经济效益、社会效益和生态效益。在后续的经营过程中，也潜在一定的危机，从乡村休憩景观的设计实践中，对于今天乡村振兴的景观建设，有着启示意义。疫情后时代，建成后的城市公共环境应对户外休憩景观的需求，本章从微气候角度做了探讨。

第一节　适应微气候的乡村休憩景观

一　乡村休憩景观探讨的背景和意义

随着社会的发展进步和城镇化的快速推进，人们越来越偏爱健康、纯净的自然环境和悠闲、自在的休憩方式，乡村的休闲休憩价值逐渐凸显[①]，其优美性、乡土性和适游性带来的社会效益、生态效益和经济效益无须赘述。"5·12"汶川地震后，作者参与四川省彭州市小渔洞镇董坪村、大坪村灾后重建和绵竹市"十二

---

① 张琳、马椿栋：《基于人居环境三元理论的乡村景观游憩价值研究》，《中国园林》2019 年第 9 期。

五"国民经济发展规划中了解到：当地政府和民众大都希望能通过发展乡村生态旅游转变经济增长方式，实现可持续发展。

这些地区的共同特点是：第一，传统农耕文化；第二，经济不太发达，人均收入低；第三，农民文化水平不高，缺乏外出务工技能；第四，这些地区夏季高热高湿，冬季寒冷，山区采用机械动力或空调调节微气候会增加经济成本和碳排放量，并且在户外广大区域，采用机械方式提高户外气候舒适度还很困难。

因此，乡村休憩景观实践拟实现以下目标：第一，运用景观改善乡村微气候环境，提供自然舒适健康的休憩环境，减少对机械技术和耗能设施的依赖，节能减排。第二，将乡村生产生活景观融入乡村休憩景观，不误农时，不废农景，保留乡村特色。

乡村住区是乡村环境重要的组成部分，是休憩者相对集中和停留时间较长的区域。但不少乡村住区由于较恶劣的户外微气候，客观上阻碍了休憩者的户外交往与活动而影响乡村社会效益、经济效益和生态效益。

前述研究表明，户外休憩空间的微气候舒适度可以通过景观要素的合理规划设计而改善，微气候舒适度的改善也可刺激户外休憩活动。因此，从植物、道路、水体和建筑等景观要素来规划乡村休憩景观，改善场地微气候舒适度，维护乡村特色风貌，是相对简单和低成本的有效策略和方法。本节以四川省彭州市董坪村为实证研究，探讨湿热气候区乡村住区户外微气候舒适度评价及生态改善策略，规划建设户外生态休憩景观。

实践研究的目的和意义在于：一是营造乡村舒适微气候环境，减少空调和取暖设施的使用，达到节能减排的目的，为乡村住区节能和环境改善提供借鉴；二是提供新鲜清洁的自然空气，满足休憩者和大自然交往的生理和心理需求，有利于人的生理和心理健康；三是创造或改善交往空间，吸引和留住休憩者。相关研究发现：即使是相对恶劣的微气候条件下，露天环境空间的精心设计可刺激环境的使用①；四是通过发展乡村生态旅游转变经济增长方式，实现乡村可持续发展。

二　研究方法和流程

以四川省彭州市董坪村乡村旅游住区为例作实证研究，主要采用田野调查法和综合分析法。

第一，运用田野调查法进行实地调研观测。场地的调查和分析为生态休憩景观的空间布局提供基础信息，由此决定需要规划的景观类型。调查分析要素包括利益主体（乡村居民）诉求和体感舒适度的问卷调查，场地景观要素调查和微气候要素观测分析。

第二，分析评价。建立数据库整理第一手观测数据，采用统计分析软件对初步整理后的数据进行处理。

第三，董坪村微气候舒适度评价和场地原生景观的综合评价。

第四，生态休憩景观规划方案决策及实施。

三　董坪村调研分析

董坪村位于四川盆地西北边缘的彭州市小鱼洞镇，属龙门山脉，平均海拔1100米，典型的山地乡村，也是"5·12"汶川地震中的典型重灾村之一。房屋受损238户（787人），面积4.5万

---

① Marialena Nikolopoulou, Spyros Lykoudis, Thermal comfort in outdoor urban spaces: Analysis across different European countries, *Building and Environment*, 2006, 11: 1455 – 1470.

平方米，占全村总户数的99%。其中"倒塌233户（767人），严重损坏2户（8人），中度2户（8人），轻微破坏1户（4人）"。

本次董坪村住区重建用地规划见表4-1。

表4-1 董坪村住区用地平衡

用地分类	用地面积（m²）	用地百分比（%）
建筑用地	15990	51.2
绿化用地	5110	16.4
道路（含广场、停车场）	5110	16.4
水体（含生态水沟）	5021	16.0
合计	31231	100

（一）场地微气候舒适度分析和评价

1. 评估方法和程序

前述四川省微气候区划结果看，董坪村属于典型的冬冷夏热型湿热气候区。按照前述研究结果：采用 TS 指标评价冬季、春季和秋季微气候舒适度，采用 WBGT 指标评价夏季微气候舒适度。

董坪村气候环境与成都平原存在明显差异，微气候气象参数不能直接取自地方气象监测站点较宏观的气象数据。从 2008 年 10 月起在董坪村建立监测户外气象参数的站点，选取 12 个观测点，运用前述微气候监测工具（Kestrel4000 型手持气象站，DS-207 太阳能辐射测量照度计，JTR04 黑球温度测试仪）进行为期 1 年的监测。按照国际惯例，结合场地实际，分四季各选取连续 5 天从 8：00—18：00（白天户外休憩活动时间）每 5 分钟自动记录和保存一次观测数据，每小时得到一次各气象参数（气温、风速、湿度、太阳辐射总照度、环境辐射温度、地表温度）平均值，运用 TS 指标和 WBGT 指标评价 12 个观测点微气候舒适度

（图 4 - 1、图 4 - 2），并取 12 个观测点的平均值得到董坪村微气候气象参数总平均值（表 4 - 2）。

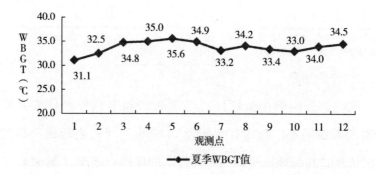

图 4 - 1　董坪村规划前 12 个监测点的夏季户外微气候舒适度

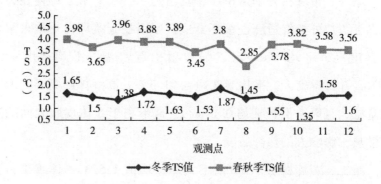

图 4 - 2　董坪村规划前 12 个监测点的冬季和春秋季户外微气候舒适度

表 4 - 2　董坪村规划前户外微气候参数均值和体感舒适度调查结果

季节	气温（℃）		相对湿度（%）		风速（m/s）		太阳辐射照度（w/m²）		微气候舒适度（℃）	
	均值	体感舒适度	均值	体感舒适度	均值	体感舒适度	均值	体感舒适度	均值	体感舒适度
夏季	29	—	91.3	—	0.13	—	800	—	33.8	—
冬季	4.8	+/—	84	—	0.8	—	96	—	1.57	+/—
春季	12.9	+	69	+	0.14	+	300	+	3.51	+

季节	气温（℃）		相对湿度（%）		风速（m/s）		太阳辐射照度（w/m²）		微气候舒适度（℃）	
秋季	15.5	+	67	+	0.13	+	400	+	3.85	+

备注："—"体感不舒适；"＋"代表体感舒适；"＋/—"代表部分群体体感舒适，其他部分群体体感不舒适。

2. 评估结果

同时，分四季在董坪村对场地居民和潜在外来休憩者发放2200 份调查问卷，收回有效问卷2172 份，代表当地居民和潜在外来休憩者在场地微气候气候条件下的体感舒适度（附录4－1）。综合微气候客观物理要素，得到评估结果。

第一，董坪村夏季 WBGT 平均值为33.8℃，表示即使在休息状态下，户外热舒适度也很不舒适。原因在于董坪村夏季太阳辐射强度高，平均800w/m²，强辐射引起高温，平均温度达到29℃，并且湿度大，平均湿度达到91.3%，高湿伴随高温，形成闷湿感，且风速低，平均0.13m/s，这不利于人体皮肤表面的蒸发散热，影响人的热舒适度。

第二，董坪村冬季 TS 值不太高，均值1.57℃，体感冷，主要原因是董坪村冬季户外太阳辐射照度低，平均46W/m²；温度偏低，平均气温4.8℃；加之湿度高，平均超过80%，又湿又冷增加了体感不舒适。

第三，春秋季是冬坪村最适宜的季节，春季 TS 均值3.51℃，冬季3.85℃，户外舒适度最佳。主要原因是春秋季户外温度、湿度、风速、太阳辐射强度均适宜。

第四，体感舒适度与董坪村户外微气候舒适度基本一致。从问卷调查结果和微气候舒适度值得相关比较看：夏季 WBGT 值大于30℃时，体感不舒适（热），冬季 TS 值小于2℃时，体感不舒适（冷）。相对而言，董坪村夏季更使人体感不舒适。

（二）植物景观要素

董坪村林地 3000 亩，有部分原始生态森林。植被丰富，森林覆盖率达到 80%，大部分分布在规划住区用地周围及山坡、河滩（表 4－3）。

表 4－3　　　　彭州市董坪村主要乡土植物资源表

类别	植物名称
林木	竹、柳杉、杉木、灯台树、桤木、苦楝、华瓜木、香樟、皂角、椿树、柏树
果木	樱桃、核桃、板栗、枇杷、梨、猕猴桃、板栗
经济植物	川芎、黄连、黄柏、杜仲、厚朴、盐肤木、细叶乌头雷竹、四川毛竹、魔芋、油菜
农作物	玉米、土豆、甘薯
草本	肾蕨、狗牙根、白毛根、莠草
藤本	常春油麻藤、野地瓜藤、丝瓜、南瓜、苦瓜、葫芦、兔儿瓜、野刀板藤
湿生	芦苇、香蒲、菖蒲、伞草、水葱、大甲草、红辣蓼、芦竹

（三）其他景观要素

第一，道路。董坪村没有机动车道，只有人行泥路。规划道路体系为：一条宽 7 米乡村道沿西南—东北向穿越村落，是董坪村与外界联系的主道；规划建设 3—4 米的碎石路连接院落与乡村道，院落内入户道为 1—2 米宽的石板路。

第二，村民住宅。90% 的住宅在地震中损毁，灾后重建中，由政府组织统一规划建设。

第三，土壤。土壤较贫瘠，地层构成主要为轻亚黏土和砂卵石层，只适宜少数农作物生长。

第四，降水。受河谷和山地地形影响，降水月际不均，主要集中在 7—8 月，且年际不均。

（四）村民诉求

董坪村地处山区，无工业基础，土地贫瘠，大部分村民文化水平低，缺乏外出务工技能，是彭州市贫困村，2007 年人均纯收入为 4000 元，2008 年受地震影响为 2800 元，2009 年 2753 元。当地属于典型的夏热冬冷型湿热气候，山区采用机械动力或空调调节微气候舒适度无论从村民的经济条件还是从维护当地良好的生态环境都是不现实的。调查问卷汇总（附录 4 - 1）分析：村民当前最不满意的是贫困，其次是微气候条件，特别是夏季的闷热潮湿。

（五）场地调研结果

第一，董坪村夏季户外温度和湿度极高，风速低，无风频率高；冬季户外温度低，湿度大，风速高；夏季和冬季微气候体感都不舒适。夏季迫切需要自然通风景观，冬季需要防风景观，改善夏季和冬季微气候。

第二，村民文化水平不高，外出务工技能低下。土地利用效益低，以玉米和土豆种植为主。因此，人均收入低，人均年收入不到 2800 元。常住人口以中老年人为主，缺乏活力。

第三，当地植被丰富，生态环境较好。

因此，户外休憩景观规划目标是：适应微气候，从技术层面改善场地的微气候舒适度。并且，休憩景观一方面不误农时，不废农景；另一方面以舒适休憩景观为契机，为乡村旅游开发提供景观基础，增加村民收入，提升村落活力。

（六）适应微气候的户外休憩景观策略

乡村户外休憩景观需具备生态安全性、环境舒适性、文化本真性、景观美感性：第一，董坪村户外休憩景观需要满足使用者对环境舒适性要求；第二，利用当地材料，节约资源，保持农业生产生活景观，维护乡村原真性；第三，舒适、安全、真实的景观是生态美观的。

针对董坪村夏季湿热，冬季湿冷，无风频率高的特点，董坪村户外微气候改善主要是通过改善风环境来实现夏季降温除湿，冬季防风保温。因此，运用植物景观、雨水景观、建筑景观和道路景观改善户外微气候舒适度。

四　适应微气候的植物景观

前述研究表明：植物形成风道或风障，可增加或降低场地风速，董坪村利用本土丰富的植物资源改善风环境，改善户外微气候，营造休憩交往空间。

（一）植物改善风环境原理

1. 风与林带剖面形态

风的运动格局有两种：层流和湍流。当风速很小或下垫面相对平滑，风常以层流形式运动。若层流在前进途中遇到障碍物，根据障碍物的形状特点，顶部有三种形态（图4－3）[①]：第一，这个障碍物（如山丘）的坡面是渐变的，呈流线型对称，则流经的层流保持原来的层流；第二，背风陡坡，则层流在经过障碍物时在背风坡产生湍流；第三，迎风陡面，则层流在经过障碍物时也在背风坡产生湍流，其产生的湍流较背风陡坡而言可延长到更远的距离。

因此，风遇到林带产生的结果按照林带剖面的形状分为三种

---

① 刘茂松、张明娟编著：《景观生态学——原理与方法》，化学工业出版社2004年版，第117页。

形态：一是缓面，最矮的树位于迎风面，最高的树位于背风面；二是陡面，最高的树位于迎风面，最矮的树位于背风面；三是圆面，最高的树位于林带中央，两端的林木越来越矮。气流通过陡面和缓面，风速和风力加大，通过圆面，则减小。

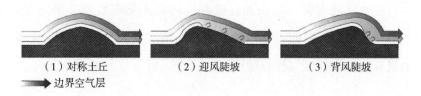

（1）对称土丘　　　（2）迎风陡坡　　　（3）背风陡坡
➡️ 边界空气层

图 4 - 3　气流经过山坡时发生的变化

2. 风与林带结构

按照透光孔隙的大小和分布及防风特性，通常把林带的结构分为三种基本类型，即紧密结构、疏透结构和通风结构①。紧密结构的林带上下枝叶都很密集，几乎没有透光孔隙，中等风力遇到这种林带时，基本不能通过，大部分空气由林带上方绕行。疏透结构在断面上分布较均匀，风遇到此林带时，一部分通过林带，另一部分气流从上面绕过。通风结构的上层为树冠组成，透风性差，下层为树干层，透风性强。风遇到此林带时，一部分由林带上方穿越，一部分由树干层穿越。

3. 林带改善风环境效果

第一，将植物连片与风向成直角，防风效果是最好的。

第二，从林带剖面形态看，防风效果经风洞实验表明②：首先，三种形状的林带在一定距离内都可使风速降低 50%—70%；

---

① 宇振荣：《景观生态学》，化学工业出版社 2008 年版，第 164 页。
② 宇振荣：《景观生态学》，化学工业出版社 2008 年版，第 164 页。

其次，圆形剖面的林带，风速降低的程度较小，但防风距离较远，为树高的 30 倍，其他两种为 25 倍树高；最后，在缓面和陡面形状的背风面，风速有时可达 110%。可见，三种防风林带剖面形状中，圆面效果最佳。

第三，从林带结构看，紧密结构背风处风速降低率大于疏透结构，但防风距离不及后者。风速在防风林的迎风处和背风处都会降低，在 10—20 倍树高的距离内，风速可降低 50%，最有效的防风距离是树高的 3—7 倍（图 4－4）。例如，防风林高 6 米，则林带距离为 20—40 米是最佳的。在林带高度 5—10 倍距离内，紧密结构林带比疏透结构和通风结构林带防风效果好，但超过 10 倍距离外，疏透结构林带显出较好的防风效果，紧密结构和透风结构的林带次之。第四，从林带宽度看，日本的高乔英纪通过风洞实验证明①，在防风林孔隙的几何形状相同及作用在上曳力相同的条件下，防风林越宽、背风面最小风速出现的位置就越靠近防风林。

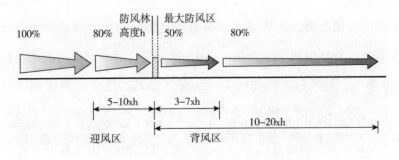

图 4－4　场地防风林高度与防风距离示意

①　［日］高乔英纪：《防风林背风面的风速分布以及关于防风林宽度的风洞试验》，贡瑛译，《陕西气象》1979 年第 3 期。

结合场地其他要素，可利用林带断面形态和林带结构，形成防风林或导风林，改善场地风环境。

（二）植物改善风环境技术策略

植物规划种植的目的是夏季导风降温，冬季防风保温，春秋利用舒适凉风。根据场地实际情况，从村落层次、院落层次和住宅层次三方面来进行植物规划，构建低能耗、高舒适度的新型农村游憩住区。

1. 村落层次

主要是建立场地外围植物圈，将冬季冷风阻挡在场地外，而将夏季凉风导入场地，同时充分利用春秋季节的河谷风。

第一，防风。在董坪村住区北部离住宅 15 米处往北依次设置农田防风林和坡地防风林。如图 4 - 5 所示，农田防风林由一行常绿乔木（如杉木）和两行常绿灌木（枇杷）组成，常绿乔木在中，常绿灌木在两边组成疏透圆面结构。坡地防风林由常绿乔木，如杉木和四川毛竹，高树在中，低树在两边，构成圆面紧密结构。这样一是保证住宅采光，二是不影响农田种植，三是保证了住区防风距离，疏透圆面结构的最远防风距离为树高的 30 倍，大部分这类林带成年植株高可达 15 米左右，那么有效防风距离在 450 米内，董坪村灾后住区实行小聚居形式，这个距离能保证住

坡地：常绿乔木（如杉木）和竹类（如四川毛竹）组成紧密圆面结构防风林，在背风林缘附近形成弱风区，近距离防风效果好　　　　农田：常绿乔木（如杉木）和常绿灌木（如枇杷）组成疏透圆面结构防风林，在背风林缘附近形成弱风区，远距离防风效果好

图 4 - 5　彭州市董坪村防风林立面示意

区冬季防风的有效距离。四是成片种植具经济效益。

第二，导风。夏季将凉爽风导入场地，并保持或适当增加风力。

配置地点：沿乡村主道（西南—东北向）沿路种植形成风道，夏季将凉爽的东北风导入场地。避免风道成直线，风力增加过大影响正常生活。选取高差较大的不同树种，高树位于向风面，低树位于背风面，形成陡面。这种断面形式都会在背风林缘处形成湍流，利于适当增加风力。高树与低树环绕场地不对称整型带状种植，形成曲线风道，避免风力增加过大，影响村民生活。

植物选择：为不影响冬季阳光对场地的增温和居民增收，植物以经济类落叶乔灌木为主。如高大灯台树、黄连木、桤木、黄柏、与相对较低的五倍子树（盐肤木）、华瓜木、泡桐、樱桃、核桃、板栗、枇杷、梨、马桑等都可搭配。

2. 院落层次

规划的村民住宅大部分围合成院落单元。因此，院落层次的植物配置，需要具备以下功能：一是提供公共休憩交流场所；二是冬季改变冷风向，夏季导风遮阴；三是冬季不遮阳，四是利于农村生产生活。

配置地点：（图4-6）第一，院落南北面沿路与冷风风向成直角密植常绿植物，形成紧密结构，改变冬季冷风风向，避免冷风进入院落；面对凉风风向则沿路间植稀疏植物，利于导入夏季凉风。第二，在院落的出入口配置庭阴类植物，利于导风，也是公共休息交流的场所。第三，院落内不配置植物，满足村民晾晒要求。

植物选择：第一，院落出入口植物选择。选择落叶、树冠较开阔、枝干较高、抗性较强的庭阴类植物，如灾区本土的苦楝、黄连木、核桃等。苦楝为落叶乔木，高达20米，树冠宽阔而平

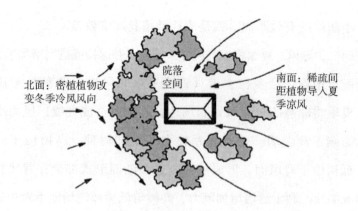

图 4-6　董坪村院落南北面沿路植物配置示意

顶，树形潇洒，枝叶秀丽，花淡雅芳香，又耐烟尘、抗污染并能杀菌。黄连木，落叶乔木，高达 30m。对二氧化硫、氯化氢和煤烟的抗性较强。耐干旱瘠薄，对土壤要求不严。树冠浑圆，枝叶繁茂而秀丽，早春嫩叶红色，入秋叶又变成深红或橙黄色。第二，院落周围沿路植物选择。冬季风面种植常绿小乔木火棘，或密植金竹等类构成防风林，夏季风面选择本地落叶植物，如华瓜木、枇杷等，利于导风。

3. 住宅层次

住宅层次主要体现对住宅隔热保温实现节能目的。一是面向冬季冷风的墙面进行邻墙种植，并修剪成树篱，如火棘。夏季为墙体遮阴，冬季又是静风保温层（图 4-7）。二是沿墙搭架或砌种植池，种植丝瓜、南瓜、番茄、冬瓜、葫芦、豆角等，既对墙体遮阴，又体现农家特色。三是院子种植植物降低对室内辐射热，如保留小块菜地，或搭架种植猕猴桃、葡萄、丝瓜、南瓜、葫芦等瓜果蔬菜。四是墙面立体绿化，如种植藤本攀缘植物或沿墙搭架。总之，提供多种住宅的降温保热措施供农家自由选择。

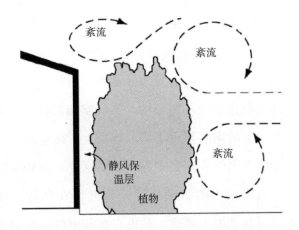

图4-7　董坪村邻墙植物形成静风保温层示意

五　适应微气候舒适度的雨水景观

董坪村雨量充沛，年平均降水量为 910mm，最多的是 1959 年，达 1280.9mm，最少的是 1997 年，为 635.3mm。全年中，平均降水最多的是 7 月份，为 237.3mm，最少的是 12 月份，为 5.5mm。全年≥0.1mm 的平均降水日数为 154 天[①]。降雨量月份不均，年份不均。因此，具备雨水回收利用的可行性和必要性。

前述研究（第三章）表明：夏季水体对场地降温作用较明显。将雨水收集与休憩景观结合，改善场地微气候舒适度，同时增加休憩景点。

（一）雨水收集途径

1. 屋面

屋面雨水收集相对投资小，管理维护简单。成都市空气质量较好，董坪村植被丰富，通过屋面收集的雨水污染程度轻，pH 值为中性，含盐量少，硬度低，无须软化，可直接浇灌、冲洗等。

---

① 数据来源：四川省彭州市小鱼洞镇政府。

董坪村集中住宅利于雨水收集。

2. 路面

修建路面时，通常设置适当的散水坡度与导水渠道。这些设置正是建立雨水收集系统所需要的。不同路面的铺装不同，径流系数不同，能收集的雨水量也不同。理论上，硬化路面比可渗透路面的径流系数大而收集到更多的雨水，这并不意味着路面要进行硬化铺装。收集雨水的目的之一是将其留在场地，补充地下水。可渗透路面利于雨水渗透，是更直接和更经济的地下水回补措施。

3. 绿地

董坪村年均降水量 900 毫米，绿地径流系数按 0.15 计算，每公顷绿地每年可回收 $1350m^3$ 水。绿地透水性好，对雨水中的污染物具有较强的截留和净化作用；董坪村内住区周围均规划绿地，便于雨水的引入利用，节省投资。

董坪村雨水景观是否可行，需要测算比较住区雨水收集量与蒸散量。

（二）雨水收集量

1. 雨水流量公式

根据雨水收集流量公式计算，即：

$$Qs = q\Psi f$$

式中，Qs 表示雨水设计流量（L／s）；q 表示设计暴雨强度 L／$(s \cdot hm^2)$，Ψ 表示径流系数，f 表示汇水面积（hm^2）。

2. 参数说明

（1）设计暴雨强度

暴雨强度，指在某一历时内的平均降雨量，即单位时间内的降雨深度，工程上常用单位时间单位面积内的降雨体积表示。

董坪村设计暴雨强度采用彭州市暴雨强度公式计算，即：

$$q = \frac{2806\ (1 + 0.8031gP)}{(t + 12.3P0.231)^{0.768}} \qquad (4-1)$$

式中，P 为重现期（年），指在一定长的统计期间内，等于或大于某暴雨强度的降雨出现一次的平均间隔时间。根据《室外排水设计规范》（GB 50014—2006）第 3.2.4 条表 3 规定：彭州市的 P 值为 2 年，t 为降雨历时，t 取值 5 分钟。

（2）径流系数（Ψ），是一定汇水面积内地面径流水量与降雨量的比值。取值按《室外排水设计规范》（GB 50014—2006）规范表 3-2.2-1 的规定取值（表 4-4）。各种汇水面积的综合径流系数应加权平均计算。

（3）汇水面积（f），雨水汇水面积应按地面、屋面水平投影面积计算。高出屋面的侧墙，应附加其最大受雨面正投影的一半作为有效汇水面积计算。窗井、贴近高层建筑外墙的地下汽车库出入口坡道和高层建筑裙房屋面的雨水汇水面积，应附加其高出部分侧墙面积的一半。董坪村侧墙没高出屋面，停车场为露天停车场。董坪村住区汇水总面积为 26100m^2（表 4-4）。

总之，董坪村雨水收集量为 210.5m^3（表 4-4）。

表 4-4　　　　　　　　　　彭州市董坪村住区雨水收集量

类型	汇水面积 (f) m^2	径流系数 (Ψ)	重现周期 (P) 年	降雨历时 Min (t)	降雨强度 (L/s·hm^2)	流量 (L/s)	雨水收集量 (m^3)
总计	31231					701.5	210.5
屋面	15990	0.9	2	5	348.77	501.9	150.6
混凝土或沥青路面	3790	0.9	2	5	348.77	119	35.7

续表

类型	汇水面积 (*f*) m²	径流系数 (*Ψ*)	重现周期 (*P*) 年	降雨历时 Min (t)	降雨强度 (L/s·hm²)	流量 (L/s)	雨水收集 量（m³）
碎石路面	1320	0.6	2	5	348.77	27.6	8.3
绿地	5110	0.15	2	5	348.77	26.7	8.0
水体	5021	0.15	2	5	348.77	26.3	7.9

备注：径流系数（*Ψ*）按《室外排水设计规范》（GB 50014—2006）规范表 3 - 2.2 - 1 规定取值

（三）雨水蒸散量

雨水在流动、滞留过程中会有蒸散。

1. 绿地蒸散量

生长在比较湿润且土壤水分供应充沛处的植被蒸散量较高，每平方米每天约为 5.0—6.0mm，董坪村属湿润区，绿地为不可进入性区域，没遭受人为践踏，土壤孔隙度大，供水充分，绿地蒸散量每平米平均约为 5.5mm/d。

2. 水体蒸散量

对于水面蒸发的测算方法，基本归为两种，一种为器测法，一种为气候学法。许士国等提出三筒补偿蒸渗仪法[1]，并测量河流和湖泊沼泽复合型湿地的水体和植被蒸散量。水体蒸散量与水汽压力差、风速、相对湿度、温度、降雨量等因素相关，洪嘉琏等[2]综合运用器测法和气候学法，得出浅水湖多年平均每年蒸发量为 849. lmm/m²。以夏季蒸发量最大，占年总蒸发量的 35.9%，其次是春季，占年总量的 26.9%，秋季占年总量的 25.6%，冬季最小，只占年总量的 11.6%。董坪村水系属人工浅水沟和人工浅

---

① 许士国、王昊：《测量芦苇沼泽蒸散发量的渗流补偿方法》，《水土科学进展》2007 年第 18 卷第 4 期。
② 洪嘉琏、傅国斌、郭早男等：《山东南四湖水面蒸发实验研究》，《地理研究》1996 年第 3 期。

水湖，蒸散量可参考此值。

屋面雨水和路面雨水停留时间短，不考虑蒸散量。

董坪村暴雨强度重现期为 2 年。在此期间，董坪村雨水蒸散量为：

$$V = （5.5 \times 5110 \times 365 + 5021 \times 849.1） \times 2 \times 10 - 6 = 29.04m^3$$

$210.5m^3 > 29.04m^3$，董坪村住区收集的雨水量大于日常蒸散量，规划建设雨水收集利用景观是可行的。

（四）雨水利用景观

1. 住区水系规划

董坪村现有水系不利于雨水的收集、储存和浇灌。因此，沿建筑物、道路及绿地中规划新的水系，连接现有水沟、净化池和渝江河，在住区形成水系网络，构建"水—院落—乡间道—群聚空间"的景观格局（图 4-8）。

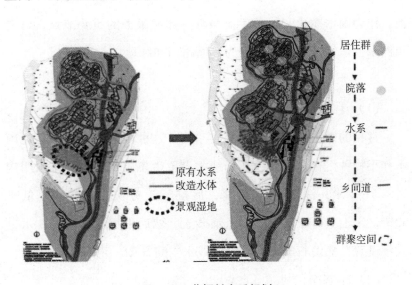

图 4-8　董坪村水系规划

水系布局原则：第一，便于收集雨水，住区屋顶为斜面仿小青瓦，雨水可顺着屋檐直接流入屋檐下的浅沟；路面雨水和绿地雨水也就近进入生态雨水沟；第二，便于净化调节雨水，雨水通过植被浅沟和净化池净化，降雨多的年份可将雨水汇集储存，降雨少的年份则调节用于生产生活。第三，便于灌溉，水沟经过绿地，就近取水浇灌，降低成本；第四，便于水流动，根据住区微地形选择水系线路，尽量避免机械抽水。

设计水系可改善住区水生态环境：第一，环绕场地的水系改善场地微气候舒适度。第二，延长水的流动距离，增加水渗透量，利于补充地下水；第三，为水生生物提供生存环境，也利于水质净化；第四，利于雨水收集利用；第五，美化住区环境，提供休闲休憩的场所；第六，提供生态教育场所。

由此，构建"水—院落—乡间道—群聚空间"的景观格局：水环绕整个村落，穿梭于房前屋后，同时在下游形成生态净化池，作为雨水净化和村落生态服务、休憩服务的重要节点，营造川西水乡风情。收集的途径为屋面路面和绿地。

2. 雨水净化景观

（1）生态雨水明沟

常见的雨水沟是混凝土铺砌暗沟，这种雨水沟不利于净化雨水和小物种生存。因此，在场地中设置生态雨水明沟。排水明沟宽1.5—2米，深35—50厘米，底层素土夯实，夯实度不低于92%，素土上再压实黏土，上铺砂土，然后根据水沟宽窄，水量大小设置自然山石或卵石，形成戏水空间（图4-9）。

（2）生态净化池

主要是为收集净化储存雨水，所以采用表面自由流人工生态池，优点是工程量少、投资低、操作简单、运行费用低，对运行

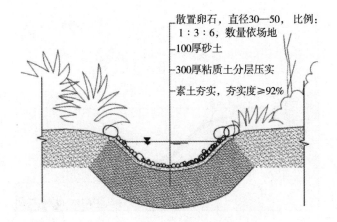

散置卵石，直径30—50，比例：
1：3：6，数量依场地
100厚砂土
300厚粘质土分层压实
素土夯实，夯实度≥92%

图 4 - 9　彭州市董坪村生态雨水明沟

人员的技术要求不高。与传统的二级处理厂相比，占地面积相对较大是其主要缺点。在将进行旅游开发的乡村住区中，这种劣势可转化为优势：生态池是进行环境教育及休闲休憩的场所。

生态池的底部与边坡景观工程与排水明沟大致相同，可根据实际情况将底部部分不透水化，保证其最低水位，同时，超过最高水位处设立排水沟，岸边依据场地状况设置直径 20—80 厘米不等的天然石块，形成观赏或坐憩景观（图 4 - 10）。

3. 雨水生态净化

通过本地的香蒲、菖蒲、水葱、芦苇、大甲草、红辣蓼等易种植、易管理、抗污力强的水生植物对雨水中的污染物进行过滤、沉淀、分解，大甲草、芦苇等粗壮的梗可以减缓水流速度，起粗滤的作用；红辣蓼有辛辣味，可以除臭；香蒲、菖蒲、水葱等水生植物的地下茎特别长，分解过滤水流。这些各具特色的植物生态特性构成完整的雨水净化系统。

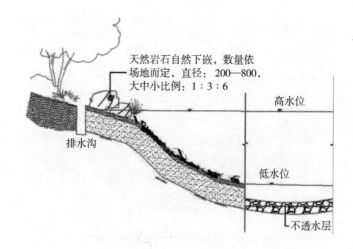

天然岩石自然下嵌，数量依
场地而定，直径：200—800，
大中小比例：1∶3∶6

高水位

排水沟

低水位

不透水层

图4-10　彭州市董坪村生态净化池（局部）

六　适应微气候的建筑景观规划

（一）建筑空间布局

建筑空间布局主要是为夏季通风，冬季防风而设计建造。

1. 夏季通风

董坪村夏季主导风向为由南向北的河谷风。建筑空间布局要点（图4-9）：建筑呈院落式布局，院落南部设置开口，夏季引入南风。建筑组合采用斜列式和错列式，建筑朝向为南偏东，增加每户建筑的迎风面，并通过建筑缝隙的错列变化产生风压改善通风。南偏东的建筑朝向也是每户住宅夏季减少阳光直射，冬季增加阳光直射。同时，建筑物高度由南到北逐渐增加顺应河谷风。

2. 冬季防风

董坪村冬季主导风向为由北向南的山风，在董平村规划当中，建筑的布置体现出建筑的防风设计（图4-11）。建筑空间布局和高低错落来挡住北风的进入，在建筑后形成风影，减弱风对场地内其他建筑的影响。

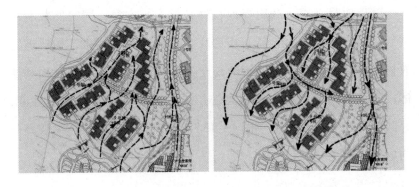

图4-11　董坪村建筑布局夏季通风（左）和冬季防风（右）

（二）建筑内部规划

建筑内部良好的通风降低室内湿度，提升室内空气质量。以户数最多的4人户（120平方米）为例（图4-12）。每户包括院落、堂屋、家庭活动室、卧室、厨房、农具房、卫生间，室内风压不同穿堂风，门窗的布局与院落结合利于室内外空气流通。利用自然风不断带走室内多余的热量，对室内降温、除湿、改善空气质量的效果都很明显。

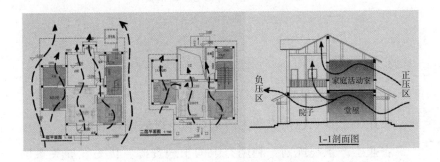

图4-12　董坪村建筑内部通风

（三）材料选用

就地取材，充分利用当地石材、杉木等木材，同时回收利用灾后临时安置点的再生砖、板房废弃材料，减少污染，构建适宜农村经济基础与技术条件下的易于实施与维护的住宅。屋面和墙体内充分利用板房材料形成夹芯层，提高围护结构的保温性能，并起到良好的隔音效果（图4－13）。门窗利用热容量相对较高的当地杉木构建。

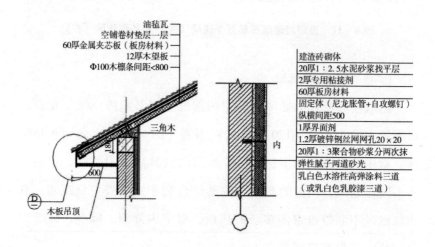

图4－13　董坪村住宅屋面和墙体

图片来源：成都市建筑设计研究院有限公司。

七　农业生态景观

农业生态景观包括农业生产景观和乡村居民点景观。

农业生产景观规划：利用有限的土地资源，优先发展关系国计民生和有利于提高综合竞争力的产业项目——药材基地和水果基地。保留原有粮食生产基地。

乡村居民点景观：规划建设"舒适、健康、高效、文明"的乡村生态社区。即：保留或恢复传统林盘，建设较完善的院落生态体系，农房一层变两层，保护节约耕地及林地。建筑景观突出穿斗、高出檐、灰砖青瓦等四川民居建筑特点，保留地方特色。增加活动场地和文化站等社区公共文娱设施，保留传统乡村生活特色。

　　乡村生态社区由院落林盘模块化构成，林盘以生态为基质，每一林盘均呈细胞状发展，其边界具有伸缩性，形成弹性结构与环境互动（图4-14）。林盘如同细胞、变形虫，其弹性边缘自然分裂，有机生长互动共生。林盘之间相距不远，一般为200—300米，正是步行的最佳距离范围。

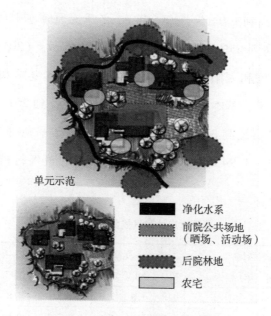

单元示范

■ 净化水系

　前院公共场地
　（晒场、活动场）

　后院林地

　农宅

图4-14　董坪村院落式林盘模块

第二节　乡村休憩景观实践成效与反思

　　经过规划建设，董坪村灾后重建于2009年底完成，休憩景观初见成效。从 2011 年到 2017 年，项目组成员每隔一年重返董坪村，在同样的 12 个观测点，用同样的方法实测计算微气候参数均值，并同时进行调查问卷，延续性地调研董坪村户外休憩景观实践的成效，进一步探讨乡村休憩景观的潜在危机，反思和总结乡村休憩景观推广和保持活力的因素。

一 成效

（一）微气候改善

测试分析显示：夏季无风频率从重建前的 80.04% 降为 55%，平均风速提高到 1.0m/s（2015 年）。冬季无风频率则从建成前的 47.35% 提高到 65%，平均风速降低到 0.35m/s（2017 年），加之温度、湿度和太阳辐射照度的改善，董坪村夏季和冬季的微气候逐年改变，基本满足人体热舒适度要求，到 2017 年，夏季室外 WBGT 值最高 30.1℃，平均 28.9℃；冬季室外 TS 值最低 1.69℃，平均 1.94℃（表 4－5）。重建后的董坪村被誉为"无空调村"。

表 4－5　　　　　　董坪村户外微气候舒适度比较

微气候指标		夏季				冬季			
时间（年）		2011	2013	2015	2017	2011	2013	2015	2017
风速	最高（m/s）	1.8	1.8	2.0	1.9	1.8	1.8	1.8	1.8
	平均（m/s）	0.6	1.0	1.1	1.0	0.7	0.5	0.2	0.35
	无风频率（%）	75	59	50	55	48	55	65	65
风速	0<风速（m/s）<1.0 频率（%）	17.51	20.6	25.6	23.56	26.3	25.4	23.42	21.42
	风速（m/s）>1.0 频率（%）	2.45	19.4	24.4	21.44	24.35	19.6	11.58	13.58
	主导风向	ESE	ESE	ESE	ESE	ENE	ENE	ENE	ENE

续表

微气候指标		夏季				冬季			
气温	平均气温（℃）（空气温度）	28.8	28.5	27.5	28	5	6	6.6	6.1
	平均温度（℃）（地表温度）	—	—	—	—	5.5	7.5	8	7
	最高/最低气温（℃）	31.2	30.8	29.7	30.2	-1.6	-1.4	-1.0	-1.2
相对湿度	平均（%）	76	71	65	69	80	75	70	76
	最高（%）	100	82	79	80	99	85	75	78
SRI	平均（w/m²）	670	485	485	485	105	110	121	106
MC	平均（℃）	33.1	30.2	28.2	29.3	1.65	1.91	2.13	1.95

备注："SRI"：太阳辐射照度；"MC"：微气候舒适度。

（二）独特的乡村景观

村落层次、院落层次和住宅层次的三级植物景观体系，形成传统川西特色林盘（图4-15）。保留了传统农作物种植，建立药材基地、竹笋基地和水果基地，进行药材、竹林、樱桃、核桃等规模化种植。高出檐、灰砖青瓦建筑组合成川西特色的院落，院落中进行蔬菜、经济作物或果木种植。同时，雨水收集利用初见成效。屋檐下的雨水沟、环绕院落的明水渠和生态小湿地形成雨水回收利用体系，雨水收集方便村民生产生活，调节场地微气候（图4-16）。建成景观初步满足村民生产生活需求，形成有别于城市的传统乡村景观。

（三）乡村的收益和活力

药材基地、水果基地、万亩竹林等土地利用方式的转变，增加了土地附加值，提高了村民的收入。2011年，55%的村民人均年纯收入超过3000元，2013年，95%的村民年均收入超过3000元，2015年，100%的村民年均收入超过3000元，达到6715元，2017年村民年均纯收入达到7015元，是2009年的2.55倍（表

村落层次植物景观

院落层次植物景观

住宅层次植物景观

图 4 - 15　董坪村特色林盘

图 4 - 16　董坪村建成水系

4 - 6)。特色乡村休憩景观、自然舒适的微气候环境、健康的农产品逐渐成为吸引乡村度假休憩的亮点。从 2013 年起,越来越多的村民直接或间接地参与到乡村旅游中,比如为游客提供食宿或中草药、竹笋、核桃、樱桃、土豆、玉米等生态农产品。乡村旅游的发展吸引村民回归，到 2017 年，95％的 40 岁以上的年长村民和 40％的 40 岁以下的年轻村民选择回乡，这一比例分别比 2009 年增加了 15％和 36％（表 4 -6）。村民回归，特别是年轻村民的回乡，提升了村落活力。当前，乡村收益降低使得部分乡村逐渐衰落，董坪村的实践探索可为恢复乡村活力、乡村振兴提供借鉴。

表 4 -6　　　　　　　董坪村村民（成人）基本情况

调查年份	年龄（岁）		是否接受学校教育		年均纯收入（元/人）			主要工作地点			
								≥40 岁		<40 岁	
	≥40占比（％）	<40占比（％）	是占比（％）	否占比（％）	≥3000占比（％）	<3000占比（％）	收入	乡村占比（％）	城镇占比（％）	乡村占比（％）	城镇占比（％）
2009	54	46	98	2	10	90	2753	80	20	4	96
2011	54	46	98	2	55	45	3253	80	20	15	80
2013	54	46	98	2	95	45	4787	85	15	20	84
2015	54	46	98	2	100	0	6715	90	12	35	75
2017	58	42	98	2	100	0	7015	95	5	45	55

二　潜在危机

随着乡村游的发展，为接待更多外来休憩者，围绕董坪村的无序建设正慢慢干扰董坪村宜人的微气候。2017 年，董坪村夏季 WBGT 均值上升到 29.3℃，冬季 TS 均值下降到 1.95℃（表 4 -5），接近体感不舒适的阈值。另一方面，尽管人均纯收入与地震前相比成倍增长，但后续增长疲乏，2017 年与 2015 年相比，董坪村人均年纯收入仅增加 300 元，达到 7015 元（表 4 -6），董坪村村民生活仍然不富裕。相对于微气候的隐形恶化和经济的增长缓慢，更严重的是沿湔江河流域的土地无序开发对整个流域生态系统的破坏。如果仅仅依靠董坪村生态系统来维持流域生态系统，无疑是痴人说梦，董坪村终也难独善其身。乡村休憩景观建设需要大尺度的宏观规划，一村一品，各具特色，才能吸引并留住外来休憩者，实现乡村振兴。

三　反思

董坪村从 2008 年 10 月开始灾后重建到 2017 年 12 月后续追踪调研，持续时间整 10 年，不断地反思，初步总结提炼出乡村休憩景观规划建设中应把握的策略方法，促进乡村可持续发展。

（一）低技术，低成本

乡村休憩景观实践中，应倡导低技术，低成本。低技术能促进村民相对容易、快捷地掌握、交流建造技术，促进景观建设的推广，低成本使村民能承受建造和使用成本，长久保持休憩景观的生命力。在董坪村灾后重建中，相对简单的建造方法和简洁的建造程序吸引大部分村民主动参与到建设中，节约建造成本。同时，适应微气候的休憩景观规划建设让村民拥有节能减排、舒适宜人的低成本生活环境，也成为休憩亮点而增加村民收入。另一方面，选择适应当地气候和土壤条件的竹类、果木、中草药等经济作物，因其简单的种植技术和低廉的管理成本而得到大规模种植。总之，乡村景观规划建设中采用低技术和低成本，是促进村民在缺乏外援技术和资金支持而实现自力更生，实现可持续发展的有效途径。

（二）不误农时、不废农景的产业融合

第三产业是推动乡村经济发展的相对快捷有效的方式，但乡

村景观规划建设目标不是弃耕废田，而是以农业生产生活景观为载体开发第三产业，促进产业融合。董坪村在灾后重建完成初期实现收入增长的主要方式是种植业，特别是中药材、竹林、水果等经济作物。特色种植业逐渐恢复并提高村民的收入，也逐渐吸引年青村民回乡就业。2011 年，有 55% 的村民年均纯收入超过 3000 元，在董坪村工作的 40 岁以下的年轻村民达到 15%，比 2009 年增加 11%（表 4-6）。

从 2013 年起，董坪村舒适的微气候环境，独具特色的乡村休憩景观逐渐吸引外来休憩者，董坪村由此逐渐实现了农业与旅游业的融合：乡村农业景观和特色农产品吸引游客，游客随之促进了农产品的大量种植和农业景观的繁荣。到 2015 年，已有 35% 的 40 岁以下的年轻人回到董坪村工作，所有村民年均纯收入都超过 3000 元，接近 7000 元（表 4-6）。这充分说明产业融合不仅帮助偏远山村摆脱单一产业的困境，而且刺激经济发展，修复乡村活力。

另一方面，董坪村在灾后重建的规划设计之初，即确定了发展旅游业促进乡村发展，因此设计建造了适应地域特色的休憩景观。后续调研发现：2009 年到 2012 年，董坪村经济恢复和支部发展主要依靠种植业，董坪村乡村旅游的兴起是从 2013 年开始的，2015 年村民收入的主要增长点来自于乡村旅游。这说明特色休憩景观确实能促进乡村发展，但需要一个被外界知晓和认可的过程。因此，在乡村景观规划中，不误农时、不废农景、保持传统生产生活的乡村景观才是乡村振兴之魂。

（三）景观的智慧实践

董坪村后续调研中发现的潜在危机充分说明：如果仅靠技术

策略应对生态系统危机，不仅不能解决问题，还会造成不可逆的，灾难性的恶果，因为面对社会生态问题，缺乏更新的科学方法不能解决潜在的和不断演进的社会生态问题①，为预想的问题探寻确定的解决方案几乎是不可能的，因为任何解决方案的效应都是波浪式变化的，需要时间验证②。

因此，应对不断变化的乡村社会生态系统危机的最有效途径是不断创新景观的智慧实践——提供科学理论与生态景观实践之间的连接纽带③，即生态智慧指导生态实践，生态实践验证和完善生态智慧。在生态实践中，通过逐步地积累，归纳总结，验证，不断丰富生态智慧的内涵，促进利益相关者更好地理解人与自然的关系，并基于正确的选择而赋予自身正确的角色，即景观的智慧实践——适应性，参与性，学科融合性、合作性的实践。

第三节 "疫情"后时代适应微气候的城市休憩景观探讨

新冠疫情暴发让我们重新审视现有的公共空间是否在灾害情况下仍然能保持其安全且舒适的功能，铁路客运站前广场是大量人流汇集与流通的重要公共场所，疫情初期，铁路客运人

---

① Brian W. Head, Helen Ross, Jennifer Bellamy, Managing wicked natural resource problems: The collaborative challenge at regional scales in Australia, *Landscape and Urban Planning*, 154 (2016): 81 - 92.
② H. J. Rittel, M. Webber, Dilemmas in a general theory of planning, *Policy Sciences*, 1973, 4 (2): 155 - 169.
③ Wei-Ning Xiang, Ecophronesis: The ecological practical wisdom for and from ecological practice, *Landscape and Urban Planning*, 155 (2016): 53 - 60.

流与去年同期相比大幅下降，但是随着交通恢复，人流量强度抬头走势明显①。大量人员汇聚火车站建筑大厅不利于疫情控制，部分候车人员自愿停留在客运站站前广场，因而导致站前广场的承载需求发生巨大变化，原有候车室内的座椅，候车安全距离，舒适度均已经无法满足当前疫情下的候车现状。为应对疫情影响，切实保障旅客候车的安全性、健康性和舒适性，应充分利用火车站站前广场已有空间，提高大型流动性场所候车人员舒适度，有利于引导站前广场由交通集散流通空间向舒适、疫情防灾的场所转变②。基于以上分析，研究以郑州铁路客运站站前广场为例，采用 ENVY-MET 软件模拟验证，构建基于微气候健康舒适和人流安全为前置条件的铁路客站广场景观改善方法。从而提高疫情下郑州火车站候车的安全性、健康性和舒适性。

一 研究内容和研究方法

（一）研究对象

郑州站历史悠久，始建于清光绪三十年（1904 年），站房占地面积 12.7 万平方米，建筑面积 10 万平方米。郑州站是中国八大综合交通枢纽之一，郑州铁路枢纽的重要组成部分，也是集高速铁路、城际铁路、动车组列车、普速列车等客运业务于一体的综合交通枢纽。截至 2018 年 8 月，郑州站站场规模为 7 台 13 线，途经郑州站的线路有陇海铁路、京广铁路、京广高

---

① 詹金凤：《铁路应对新冠疫情策略分析及建议》，《理论学习与探索》2020 年第 2 期。
② 张凌菲、崔叙、王一诺、喻冰洁：《铁路客站广场微气候优化方法研究——基于疏散安全和热舒适兼顾的设计探索》，《中国园林》2019 年第 3 期。

速铁路、徐兰高速铁路及郑开城际铁路、郑焦城际铁路、郑机城际铁路等中原城市群城际轨道交通网系统。据统计，仅2018年3月4日一天，郑州站发送旅客128641人次①。因此，选择中国铁路最大的旅客中转站和行包中转站之一，素有中国铁路客运的"心脏"之称的郑州站作为研究对象，具有很强的典型性和代表性。

本研究选取郑州站站前广场的中部广场（测点一）和树阵广场（测点二）为研究对象，火车站中部广场是人流前往火车站大厅的主要区域，在火车站进站大厅的入口前，火车站南部树阵广场供人们集散休息所用，由于大量候车人员滞留在这中部广场和树阵广场，其已无法满足候车人员的候车安全性和舒适度②③。

（二）研究方法和程序

为改善火车站站前广场以适应疫情下的候车变化，首先，对火车站站前广场进行微气候现场实测，分析夏季（2020年7月）研究对象的基本微气候特征和热环境参数的变化规律，为微气候模拟软件的校核和量变模拟提供基础数据；第二，微气候模拟软件的选取与校验，目的是验证本研究选用的数值模拟软件和模拟设定值，在对火车站站前广场进行微环境模拟时的可靠性及敏感性；第三，对火车站站前广场进行景观要素的改善模拟，得到疫

① 《铁路客流刷新春运单日"峰值"增开直通临客列车72.5对》，中华铁道网（来源：东方今报），2018-03-07［引用日期2020-12-10］。

② 杨洸：《郑州火车站对周边地区的影响（1904—1937）》，《洛阳师范学院学报》2016年第7期。

③ 孙明、郝冰洁：《基于防灾减灾理论的城市广场公共安全规划研究》，《山西建筑》2017年第12期。

情后改善火车站微气候的景观优化模式；第四，根据郑州火车站日均客流量规划出安全人行空间，结合微气候的舒适性、健康性、安全性对剩余空间进行休憩空间规划。

（三）微气候评估指标

郑州夏季干热，温度高，湿度低，属于干热气候，不适宜采用 WBGT 指标评估微气候舒适度，选取温湿指数（I）（公式 4－2）来评估郑州站站前广场微气候，温湿指数（I）是根据俄国学者提出的有效温度演变而来的，综合考虑了温度和湿度对人体舒适度的影响[①]。

$$I = T - 0.5 (1 - RH) \times (T - 14.4) \qquad (4-2)$$

上式中，I 为温湿指数，保留一位小数；T 为平均气温（℃）；RH 为月平均相对湿度（％）。微气候舒适度等级划分见表 4－7。

表 4－7　　　　　　　　　　舒适度等级指数范围

舒适度等级	温湿度指数范围	舒适度评价	户外提示
D	≤11.0	极不适宜，寒冷	尽量减少户外活动
C	(11.0, 14.0]	不适宜，冷	注意保暖防护
B	(14.0, 16.0]	较适宜，偏凉	早晚需加衣服
A	(16.0, 23.0]	适宜，舒适	适合户外旅游
b	(23.0, 25.0]	较适宜，偏热	中午需要防暑
c	>25.0	不适宜，热	注意降温防暑

资料来源：杨丽桃、尤莉、邸瑞琦：《内蒙古旅游气候舒适度评价》，《内蒙古气象》2019 年第 6 期。

（四）微气候参数现场实测

1. 实测时间和测点

2020 年夏季对郑州火车站站前广场进行测量，郑州的高温天

————————

[①] 杨丽桃、尤莉、邸瑞琦：《内蒙古旅游气候舒适度评价》，《内蒙古气象》2019 年第 6 期。

气多集中在 7、8 月，测量日选择在 7 月一段连续的高温天气，并连续测量 3 天，分别为 7 月 6 日、7 月 7 日、7 月 8 日连续晴天，天空无云或少云。

在郑州火车站站前广场空间的中部广场和树阵广场下，共设置测点 2 个（图 4 – 17），以定点观测为主。测点 1 位于站前广场中部广场位置，灰色硬质铺装，广场上没有植物覆盖，没有建筑物阴影。测点 2 位于站前广场前的树阵广场内，位于小乔木下，地面为硬质铺装，有规整种植的小乔木遮阴，没有建筑物遮阴。在各测点设置温湿度自计议，风速仪，从 8：00—17：00 每隔 5 分钟自动记录距地 1.5m 高度处的空气温度、相对湿度和风速，每 30 分钟取均值记录（附录 4 – 2—附录 4 – 4）。

图 4 – 17　郑州火车站站前广场测点布置

图片来源：李奕霖绘制。

2. 实测参数

（1）空气温度

将郑州火车站站前广场内各测点测试日内 8：00—17：00 空气温度实测值进行整理分析，得到白天广场各测点温度值，通过比较可以发现：在夏季，树阵广场附近热舒适度较佳；中部广场的温度始终较高，大部分时段高于气象温度。

（2）相对湿度

相同的气温下，人体的热舒适感可以通过适宜范围内的相对湿度来提升，将火车站广场各测点相对湿度平均值与气象数据对比后发现：在夏季，带有草坪的树阵广场下方平均相对湿度值最高，有效缓解了闷热感。而以硬质铺装为主，没有植物覆盖，没有建筑物阴影的空旷中部广场相对湿度偏低。

整体来看，夏季测点 2 树阵广场内热环境综合效果优于中部广场。树阵以及草坪和灌木围合的环境对日间微气候起到了夏季降温控湿及避风的作用。

（五）模拟软件

城市微气候仿真软件 ENVI-met 是由德国的 Michael Bruse（University of Mainz；Germany）开发的多功能系统软件，可以用来模拟住区室外风环境、城市热岛效应、室内自然通风等[1]。鉴于本文以室外广场微气候为研究对象，选用 ENVI-met 作为模拟工具。

二　实测和模拟

（一）实测分析

测点 2 三天平均温度 35℃，测点 1 三天平均温度 37℃；测点 2 相对湿度 47.4%，测点 1 相对湿度 43.6%；测点 2 平均风速 0.1m/s，测点 1 平均风速 0.5m/s。

可得出测点 1 温湿指数为 30.5，测点 2 温湿指数为 29.5。

----

① 马舰、陈丹：《城市微气候仿真软件 ENVI-met 的应用》，《绿色建筑》2013 年第 5 期。

根据表4-8可知,火车站广场测点1、测点2的温湿指数均不适合候车人员长时间停留,舒适度等级为 c 级,温室指数范围>25.0,候车功能并不能在广场上实现,长时间滞留后人体会感觉很热,极不适应,并很可能发生中暑等问题。当疫情来临,大量游客滞留在站前广场,其微气候热安全性和热舒适性均不达标,若作为户外候车空间,急需进行景观改造,改善微气候。

(二) 建模

根据测绘核实的火车站广场 CAD 图纸,进行 ENVI-met 建模(如图4-18所示)。水平建模网格为400m×400m,垂直建模网格为60格(网格单位为1m)。随着 ENVI-met 的广泛应用,大量研究工作已基本可以证明 ENVI-met 模型在不同气候区域以及针对多种尺度的城市空间类型的有效性①。

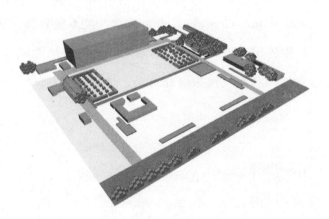

图4-18 郑州火车站站前广场 ENVI-met 建模图纸

图片来源:李奕霖绘制。

---

① 熊瑶、张建萍、严妍:《基于气候适应性的苏州留园景观要素研究》,《南京林业大学学报》(自然科学版)2020年第1期。

（三）数据校验

根据图 4 - 19 可知，ENVI-met 的模拟结果能基本反映站前广场在夏季各测点空气温度、相对湿度的日变化规律以及测点间的差异。气温模拟值的变化比较平缓，由于现场天空云量的变化，实测数值会出现一些波动。同时相对湿度的模拟结果也基本可以反映了中部广场及广场内树阵测点的增湿效应。

根据已有研究，若模拟值与实测值对比，温度平均值≤1.5℃、相对湿度平均值≤5%、风速平均值≤0.3m/s，且输出结果的空间分布特征和时间变化特征与现实基本吻合，则可认为该软件的微气候环境模拟有效[①]。经过数据比较得出，本研究所建立的模型能够较准确地描述郑州火车站站前广场的微气候环境。

三　面向微气候改善的景观优化策略

（一）景观优化要素的选择

前述研究表明，水体在景观中有明显的增湿降温效应，水体的布局是影响场地温度湿度最重要的因素[②]；植被方面，乔木通过密集的枝叶遮阳从而影响周围，同等情况下，较为密集的乔木枝叶改善温度的效果较好，其次是灌木，草坪相对差一些[③④]。因此，本研究将水体面积、植被作为景观要素的重点改善要素，从

① 熊瑶、张建萍、严妍：《基于气候适应性的苏州留园景观要素研究》，《南京林业大学学报》（自然科学版）2020 年第 1 期。
② 邱志安、邹惠芳、马云龙：《居住小区水体对微气候的作用分析》，《建筑与预算》2020 年第 6 期。
③ 林波荣：《绿化对室外热环境影响的研究》，博士学位论文，清华大学，2004 年，第 61—62 页。
④ 张倩、王天鹏：《郑州市小学教学楼夏季室内热环境研究》，《河南科技学院学报》（自然科学版）2020 年第 1 期。

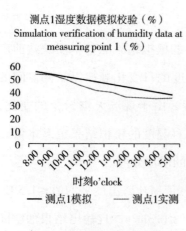

测点1湿度数据模拟校验（%）
Simulation verification of humidity data at measuring point 1（%）

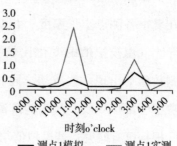

测点1风速数据模拟校验（m/s）
Simulation verification of wind speed data at measuring point 1（m/s）

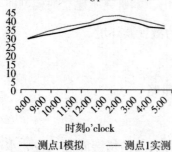

测点1气温数据模拟校验（℃）
Simulation verification of air temperature data at measuring point 1（℃）

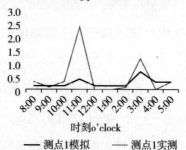

测点1风速数据模拟校验（m/s）
Simulation verification of wind speed data at measuring point 1（m/s）

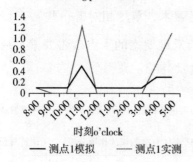

测点2风速数据模拟校验（m/s）
Simulation verification of wind speed data at measuring point 2（m/s）

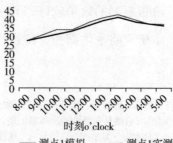

测点2气温数据模拟校验（℃）
Simulation verification of air temperature data at measuring point 2（℃）

图4-19　测点1和测点2模拟与实测校验

图片来源：李奕霖绘制。

而优化改善场地微气候。

（二）优化要素的空间布局

植物景观和水体景观优化布局方案见图 4 – 20。

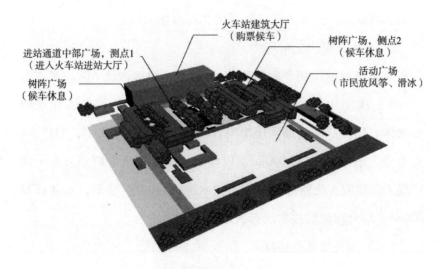

图 4 – 20 基于微气候优化的景观要素空间布局模型

图片来源：李奕霖绘制。

1. 植物景观优化布局

目前的郑州火车站站前广场中，中部广场属于人员通行空间，是大量人流穿行的客流通道，这一部分的客流通道应该予以保留，但中部广场温度过高，可以列植大型乔木给通行人员适当遮阴。广场南部为人群活动区域，有大量人员在此休憩，说明微气候相对舒适，此区域可划定为非微气候改善区，对其可以不做改动，保留大片的活动空间。火车站的树阵广场是候车休息的地方，但由于疫情原因，需要对其进行扩大与改善，在尽可能保留原有乔木的同时进行删减，增加其边缘乔木数量，内部种植高度适宜的小乔木予以遮阴，树阵广场与中部广场植物选用郑州本地常绿枝叶密集型植物广玉兰，大叶女贞，望春玉兰，桂花，红叶石楠，小叶女贞等[①]，种植面积约 7000m^2，种植形状为 "U" 字形，"I" 字形，并且通过对站前广场风向的分析，预留通风口。优化后的微气候舒适区面积为 24000m^2，提升了候车舒适度和可容纳人口。

2. 水体景观优化布局

郑州站站前广场硬质铺装占比 94%，绿地占比 6%，水体占比 0%，优化方案选择在树阵广场和中部广场减少铺装占比来增加水体。树阵广场内部采用半围合型的水体，动水为主，"U" 字形布局，水体面积约 1000m^2，以增加候车区湿度并降温。在中部广场采用顺应人流通行方向的条状水池，为 "I" 字形，水体面积 400m^2，结合列植的乔木给行人通行时遮阴。

（三）微气候效应模拟

使用 ENVI-met 软件模拟广场景观优化方案的微气候效应，量化分析优化方案对站前广场微气候的影响，从微气候角度验证景观优化方案和户外广场候车的可行性。

如图 4 – 21 所示，在适当增加绿地面积和水体面积并合理进行绿地划分与空间布局后，测点 1 与测点 2 温湿指数均达到了 b 级范围 24.21 和 23.36，微气候达到较适宜等级，测点 1 和测点 2 有效的降温，湿度明显增加，防止了候车人员因干热产生中暑等问题，并且场地改善后引导了风流，使原先堵塞的风环境通畅起来，证明优化方案能有效改善场地的候车热舒适性和热安全性，站前广场实现候车功能具有可行性。

---

① 付夏楠：《乡土植物在郑州城市公园中的景观应用分析》，《园艺与种苗》2020 年第 4 期。

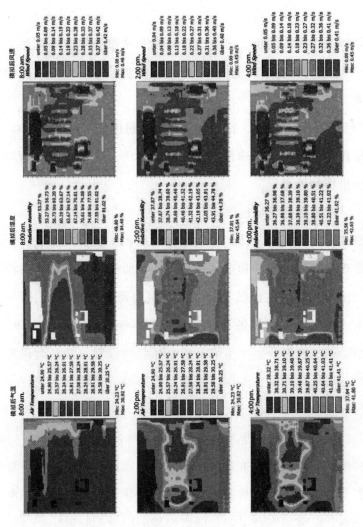

图4-21　基于景观优化方案前后的微气候效应模拟

图片来源：李奕霖绘制。

本章总结

本章以两个实证为例，研究改善乡村和城市微气候的休憩景观的设计实践，为同类型的休憩景观规划提供技术、理论支持和案例借鉴。

针对乡村发展和振兴，适应微气候的乡村休憩景观是低成本、低碳、低技术的经济高效途径。在实际应用中，以下技术策略与方法值得借鉴和思考。

第一，规划前注重场地调研。

一是调研乡村利益主体，特别是当地居民，了解其需求。生态休憩景观作为促进社区和谐的途径之一，原因之一是其提高社区居民经济收入、增强自信心和社会凝聚力及土地权[①]。调研当地居民需求的目的是规划的乡村休憩景观不误农时，不废农景，保障居民沿袭传统农业生产生活及参与休憩的权利。二是调研开发场地的地形、微气候、土壤、道路、水体等景观要素，结合这些要素规划建设休憩景观。

第二，利用本土要素规划乡村休憩景观特色。

乡村吸引城市休憩者主要因素是乡村景观异于城市景观。董坪村规划了独有的林盘景观：①雨水沟围绕住宅收集雨水，明水渠环绕院落，汇集到生态湿地。雨水收集利用景观与道路、植物结合，重现传统的乡村景观。②董坪村的黄连、厚朴、杉木等药材基地建设有别于其他乡村的植物景观。③采用当地的青砖灰瓦

① Weaver, D., Indigenous Tourism Stages and Their Implications for Sustainability, *Journal of Sustainable Tourism*, 2009, 1: 43–60.

建筑材料构筑高出檐、院落式的川西传统民居，为居民提供公共生活交往空间。居民集中居住，住宅由原来的一层变为两层，节约耕地，便于村民就近种植，也方便就近体验真实的乡村劳动生活。

第三，创造微气候舒适宜人的休憩环境。

结合场地地形、微气候、植物、住宅等景观要素，从场地层次、院落层次和住宅层次构建农村住区兼具防风导风功能的立体景观体系和雨水收集利用景观体系，改善户外微气候，实现节能减排的目的。同时，综合考虑景观的地域性、实用性和美观性，利于乡村三产发展。

新冠疫情下，铁路密闭室内候车环境增大感染几率，室外露天环境由于微气候舒适性差，难以发挥候车功能。传统意义上，铁路枢纽中心广场更多的是为旅客提供集散和通道的功能，规划设计时更多考虑人流疏散。疫情后，在保障人流交通顺畅前提下，需要增加其中心广场的潜在功能，研究结果表明，通过模拟优化铁路枢纽广场微气候，可有效提高场地候车舒适度，从而实现广场的候车，从而有效降低候车大厅内人员密度，缓解疫情传播。这一研究的启示如下：

第一，选择适宜的微气候评估指标。

我国地域辽阔，气候类型多样，针对不同气候类型选择不同微气候评估指标。尽管影响湿热气候区和干热气候区的关键参数都是温度和湿度，但湿热气候区夏季炎热，冬季寒冷，冬夏湿度高，降低湿度利于提升微气候舒适性；而干热气候区夏季炎热，冬季寒冷，常年湿度低，提高湿度利于提升微气候舒适性。湿热气候区适宜选择 WBGT 指标进行微气候评估，而干热气候区适宜选择温湿指数进行微气候评估。因此,针对湿热气候区内的四川省彭州市小鱼洞镇董坪村的设计实践,选择 WBGT 指标进行评估;针对干热气候区内的郑州市铁路枢纽中心站前广场,选择温湿指数进行评估。

第二,疫情后时代需要重新思考户外休憩景观。

疫情后,户外休憩场地将更受欢迎,特别是居家附近的户外休憩景观。因此,在保障集散、通行的前提下,在建成场地规划设计更多提升微气候气候舒适性的户外休憩景观,满足户外康体活动需求,是户外景观设计的需求趋势。本章针对交通枢纽中心站前广场微气候改善的景观模拟研究,为景观营造舒适宜人休憩环境提供了新的研究思路和方法。

第五章　面向未来的休憩景观

本章导读：面向未来的景观应该是可持续景观，在可持续景观的框架下，面对未来的需求变化，本章主要讨论户外休憩景观应具备的三个特征：健康性、舒适性和高效性。

第一节　可持续景观

自人类为了自己的生存开始从事最简单的营造活动到今天形成比较系统、完整的理论与实践，景观营造始终是为了改善和调整人与环境之间的关系。景观是物质流、能源流、信息流、技术流的发生场地，成为人与自然环境之间的媒介物。因此，人对自然物质上的需求（如栖息、生存、休憩）与精神上的见解（如敬畏、顺从、藐视、反抗）总会显性或隐性地在景观上表现出来。可持续景观、生态景观、绿色景观等相关理论的形成都是人们对目前的生活环境和不可持续性的景观经过长期反思而逐渐形成的，它们有着共同努力的方向，共同倡导关注资源、环境和未来的生活。

早在1973年，英国上议院特别委员会将休闲描述为"在实现社会福祉方面几乎与住房、医院和学校同等重要"，作为休闲主要载体的休憩景观在昨天、今天和明天都是不可或缺、至关重要的。

第四次工业革命以新技术的涌现为特点，对世界上所有学科、经济体与行业产生重大影响，甚至撼动人类对自我的认知。面对未来已来世界的易变性（Variability）、不确定性（Uncertainty）、复杂性（Complexity）、模糊性（ambiguity）①，习近平在《求是》上发表了《国家中长期经济社会发展战略若干重大问题》一文。文章共分六部分，其中包括"实现人与自然的和谐共生"，并指出："生态文明建设是关系中华民族永续发展的千年大计"。在国家持续推进生态保护战略下，面对未来，我们期待怎样的休憩景观？

二战后，西方快速进入了城市化、工业化的现象，人类生存和发展面临着严峻的考验，包括人口剧增、资源严重耗费、环境污染日益严重。1962 年，人类第一次关于环境问题的著作——《寂静的春天》出版，不仅引起了人们对于生态环境的保护意识，而且引发了人们对可持续问题的思考。

1987 年，联合国大会发布的报告中提出了可持续发展。1992 年，联合国环境与发展大会通过了《联合国人类环境宣言》，指出人类享有以与自然和谐的方式过健康而富有生产成果的生活的权力，为了实现可持续发展，应当减少或消除不能持续的生产和消费方式。这一宣言提出了"可持续发展"思想的基本内涵，即可持续发展是既满足当代人的需求，又不对后代人满足其需要的能力构成危害的发展。

中国政府于 1993 年 3 月 25 日公布了《中国 21 世纪议程——

① OECD, The future of education and skills: Education 2030 [2019 – 10 – 12], http://www.oecd.org/education/2030/oece-education-2030-position-paper.pdf.

中国21世纪人口、环境与发展白皮书》，分为可持续发展战略、社会可持续发展、经济可持续发展、资源合理利用与环境保护四个部分，是根据中国国情编制的，为中国长远发展制定了战略措施。

在可持续发展成为全球共识的背景下，景观作为自然系统的一部分，受到多方关注。在某种程度上，可持续景观已成为一种流行语，对于可持续景观概念和定义，有从生态景观、绿色景观、健康景观角度理解，但无统一的概念和定义。那么，怎样的景观才是可持续景观？对此的理解如下①：

第一，可持续景观不排斥人为干扰或人工景观，但可持续景观不会盲目地赞美人为干预，也不会将大规模的景观控制只当成轻微干扰。

第二，可持续景观不会浪费资源和能源，不是从视觉上竭力掩盖人为干预行为，而是减少对景观实质功能的影响。可持续景观是显露可见的，是艺术的表达，是值得庆祝赞美的。

第三，可持续景观遵循自然特色和地域特色。无论何时，可持续景观通过模拟自然形态，利于改善景观的生态功能，最主要的功能是为多样性物种提供栖息地，其次才是呈现视觉效果。

第四，可持续景观融合并平衡人为理性技术与自然形态。可持续景观不仅仅是以自然形态占据空间，本质上在不规则的自然形态和理性形态间寻求空间和视觉融合，即可持续景观既是艺术的，也是科学的整合产物。

第五，可持续景观不可能是以城市或工程场地单调的视觉景观为主，它应该是人们将城市提升到更具有可持续模式时，城市

---

① J. William Thompson, Kim Sorvig, Sustainable Landscape Construction: A Guide to Green Building Outdoors (Second Edition), *Island Press*, 2008: 25.

空间各要素的组合。

总之，可持续景观不排斥人工景观，而是灵活运用场地材料，艺术与科学的综合产物，让健康场地保持健康，修复生态受损场地。

第二节 走向未来的可持续休憩景观

休憩景观首先是可持续景观。另一方面，休憩景观不属于交通景观、居住景观等必要性使用景观，休憩景观的使用是人们的自愿行为。因此，建成后的休憩景观要满足人们未来需求，具有可持续性，需要具备以下特点。

一 健康休憩景观

为推进健康中国建设，提高人民健康水平，根据党的十八届五中全会战略部署，2016 年 10 月，中共中央、国务院印发了《"健康中国 2030"规划纲要》，强调加强影响健康的环境问题治理。2019 年 7 月，国务院成立健康中国行动推进委员会，负责统筹推进《健康中国行动（2019—2030 年）》，明确提出：到 2030 年，我国居民环境与健康素养水平达到 25% 及以上。因此，健康性是未来户外休憩景观必备的首要特点。

（一）健康休憩景观的特点

健康休憩景观具有以下特点①。

第一，拥有健康安全的自然环境，稳定持续的生态环境，景观构成要素对人类的身心健康是呈现积极的状态；

---

① 李瑨婧：《健康景观的衍变及其发展研究》，硕士学位论文，西安建筑科技大学，2018 年。

第二，满足人的健康需求，其中包括：生理健康需求、心理健康需求以及日常的社会交往需求，能提供安全无障碍的文娱健身设施，促进人们进行适当的户外活动；

第三，景观类型多样化，营造富于创新、变化、动态的景观空间，合理组织空间布局，增加社会交往的机会，促进群体和个人之间相互交流；

第四，具有精神寄托意义的景观，有助于人们缓解压力；

第五，展示正确的健康理念，维持社会健康状况良好，推动健康可持续发展。

总之，健康的休憩景观不仅营造健康休憩环境，并能改善休憩环境的健康性。

（二）健康休憩景观的功能

第一，促进户外身体锻炼。健康的休憩景观更能鼓励人们进行身体锻炼。在有更多绿色植被的场所，儿童或成人均倾向于更积极的身体锻炼。比如，研究发现在绿色景观中进行 5 分钟低强度的身体锻炼（如散步）即可产生显著的整体情绪和自尊感提升效应（分别提升 60% 和 70%）[1]。在绿色景观中进行锻炼还能有效预防器质性疾病。森林散步能显著增加成人自然杀伤细胞的活动度和抗癌活性蛋白的数量，降低肾上腺素的分泌，而在缺乏植被的城市环境散步则无类似的效应[2]。社区周边的绿色景观覆盖

---

[1] Barton, J. & Pretty, J., What is the best dose of nature and green exercise for improving mental health? A multi-study analysis, *Environmental Science & Technology*, 2010, 44 (10): 3947 – 3955.

[2] Li, Q., Morimoto, K., Kobayashi, M., inagaki, H., et al., visiting a forest, but not a city, increases human natural killer activity and expression of anti-cancer proteins, *international Journal of immunopathology and Pharmacology*, 2008, 21 (1): 117 – 127.

率差异越小，社区间由收入差距引起的健康状况（循环系统患病率及死亡率）差距越小[①]。

第二，舒缓精神压力和精神疲劳。人通常会选择安全健康的自然环境来舒缓精神压力，精神压力的舒缓既体现在心率、皮肤收缩水平、皮质醇水平、血压的降低，也体现在乐观情绪的提升和焦躁程度的降低[②]。研究发现，绿色休憩景观可以缓解城市噪音对居民所产生的精神压力和负面情绪，在工作环境通过各种方式来接触绿色休憩景观，不论是观赏窗外景色，还是在其中坐憩或锻炼身体，都能减少精神疲劳和恢复注意力[③]。

第三，提升城市价值。健康休憩景观品质提升，提高了市民的感官享受，并为广大市民提供了摄影、美术教学、休憩等一系列室外活动的极佳场所，对于丰富市民的日常生活起到了重要作用，充分展示了城市社会活动和精神面貌，体现了现代化城市公共休憩场所服务社会、服务人民的特征，也提升了城市的形象，展现了城市价值。

二 舒适休憩景观

休憩景观的舒适性包括视觉舒适性、嗅觉舒适性、听觉舒适性和体感舒适性。从古至今，已有大量的景观设计践行景观的视觉、听觉和嗅觉的美观度，而忽视体感舒适，即营造舒适的微气

---

① Mitchell, R. & Popham, F., Effect of exposure to natural environment on health inequalities: An observational population study, *Lancet*, 2008, 372 (9650): 1655 – 1660.

② Bin Jiang, Chun-Yen Chang, William C. Sullivan, A dose of nature: Tree cover, stress reduction, and gender differences, *Landscape and Urban Planning*, 2014, 12 (132): 26 – 36.

③ Pretty, J., Peacock, J., Sellens, M. & Griffin, M., The mental and physical health outcomes of green exercise, *international Journal of Environmental Health Research*, 2005, 15 (5): 319 – 337.

候景观环境。前述研究已表明，环境的微气候不舒适，美感度再高的景观场所对休憩者也无吸引力。

我国属于大陆性季风气候，四季分明，必然有气候不舒适的季节；我国地势复杂、地形多样，必然有气候不舒适的地点。相对户外，室内休憩场所更容易通过空调、地暖等方式获得恒温的舒适休憩环境，可以实现"四季如春"。

舒适不等于低碳。通过大量能耗换取的舒适会增加"碳"排放，加剧热岛效应，随之需要更多能耗来保持所谓的舒适，这样就形成了"碳"排放持续增加的恶性循环。据统计，冬季室内基础温度每升高1℃，能源消耗约增加7%。

舒适不等于健康。恒温环境带给人体感舒适的同时，也往往降低人体抵抗力，引发各种"空调综合征"。密闭恒温舒适环境更容易滋生病菌，空气流动性差，有害气体增加、新风减少以及阳光不足，所以引发各种病征。

室外通过能耗营造舒适环境也不等于健康低碳。有些户外休憩场地采用机械设备营造相对舒适的休憩环境，好像摆脱了微气候要素的限制，喷雾虽降温，但增加湿度，在湿热气候区增加人体不舒适感，环境湿度增加也提高人体湿度而不利于身体健康。同时，增加机械能耗，增加"碳"排放。因此，这种利用机械设施营造的表面的舒适，不利于人体健康和环境健康。

因此，休憩景观舒适的营造是通过对场地气温、风速、湿度、太阳辐射照度等气象参数的理解和把控，充分利用场地的地形、植物、水体、道路、建筑等景观要素，改善温室效应，减少极端天气造成的危害，营造自然健康舒适的户外休憩场地。比如董坪村主要通过植物、水体、建筑要素改善微气候，营造舒适健康的休憩空间。升钟湖核心景区所在环境夏季气温偏高，超过了30℃，升钟半岛景点设计中，规划的休憩步道受地形限制，植被不丰富也不适宜过多种植，受意大利埃斯特庄园百泉台启发，利用微地形营造了自然流动跌水和水渠，既是优美灵动的景观，又改善了微气候（图5-1），提升了舒适度。

图5-1 升钟半岛景点利用水体景观营造舒适微气候

图片来源：南部县文化广播电视和旅游局提供。

三 高效休憩景观

户外休憩景观持续发展，高效是核心内容。高效一方面体现在休憩景观是多功能的集成，发挥潜在功能。比如董坪村将生产生活景观与休憩景观融合，药材种植基地既是村民经济种植增收的渠道，也是外来休憩者体验养生食疗的休憩项目（图5-2）：这里药材种植的主要功能是直接售卖给药材经销商，修建了农户居住点到药材种植的休憩步道后，激发了休憩者实地到药材基地的兴趣，休憩者可以参与或观看药材的种植、收获、初步加工、变成可售卖的药材或药膳的真实过程，提升了休憩者的消费信心，发挥了药材基地潜在的旅游功能。

城市寸土寸金，公共空间狭小，户外休憩空间更需要功能集

图 5-2 董坪村药材种植基地

成。比如美国纽约的花旗银行总部大楼，底层架空 8 层，设置了舒适的室外广场。裙楼中设置一带玻璃顶内院，沿内院四周布置的商店和餐厅层层后退，以获取更好采光和活动面积。内院与街道下沉 3.6 米的大平台连在一起，并与地铁口相连。内设水池、花木、休息座椅，在闹市中形成一个袖珍公园，环境幽静怡人，吸引不少顾客于此休闲购物（图 5-3）。这个袖珍公园不仅发挥了休憩功能，更激发了潜在的商业价值。

高效另一方面体现在低能耗，实现低成本建设、运营和维护。比如董坪村通过改善微气候，实现了"无空调村"，村民在冬季和夏季无须开空调即实现了舒适的室内外生活环境，节约能源，减少了"碳"排放，减轻了使用空调带来的额外经济负担，村民低能耗、低成本的生活环境使其维护运营成本更低廉，更持久。同时，村民和休憩者处于自然开放空间，比处于密闭的人工空间，身体和心理更健康。低能耗是高效能城市户外休憩景观的重要参数之一，良好的场地设计等措施可以营造有利的微气候，甚至改善整个场地微气候，从而构建舒适微气候环境，并降低能

图5-3　美国花旗银行总部大楼底层袖珍公园（来源：网络）

耗。再如成都市活水公园，其造型是一条大鱼，预示着人、水、自然相互依存，展示了"水—环境—生命"这一永恒主题。活水公园水体取自府河水，依次流经厌氧池、流水雕塑、兼氧池、植物塘、植物床、养鱼塘等水净化系统，公园向人们演示了被污染的水在自然界中，低能耗的由"浊"变"清"，由"死"变"活"的生命过程，故取名"活水"。园中庞大的水处理工程，大大改善了府南河的水质，也因此让市民目睹水由污变清的自然进程。每天有200立方水从河中抽出，然后除去细菌、重金属后再回到河中，同时改善休憩空间微气候（图5-4）。低能耗、低成本运营是活水公园一直发挥着净水和户外休憩双重功能的主要原因。

　　总之，成都市活水公园在不消耗不可再生能源的情况下降低或保持室内外温度，带走潮湿气体达到人体热舒适。一是利于减少能耗降低污染符合可持续发展的思想，二是可以提供新鲜清洁

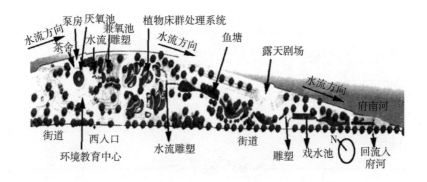

图5-4 成都市活水公园水体净化时序

图片来源：文献①。

的自然空气，满足人和大自然交往的心理需求，有利于人的生理和心理健康。

本章总结

后疫情时代，大部分室内休憩将转向户外休憩，这对于户外休憩景观是机遇，更是挑战。户外休憩景观是否受到欢迎并可持续发展，舒适是户外休憩景观基础，健康是保障，高效是核心内容，实现舒适健康高效的桥梁是技术、艺术与自然的共融。因此，户外休憩景观需要务实地调研场地，获取场地的第一手真实数据资料，需要主动利用数字化技术、模拟仿真技术、人工智能技术，需要建造后的回访、反思、改进，不断地促进真正舒适、健康、高效的可持续休憩景观走向未来。

---

① 王苏锐：《浅析城市人工湿地公园的设计——以成都市活水公园为例》，《中外建筑》2019年第7期。

附　录

附录 2-1　春秋季观测点微气候舒适度（TS 值）与休憩停留人次数

地点	水槛		石桥		楠木园休憩点		茅屋院子		万佛楼	
时间	TS	停留人次数	TS	停留人次数	TS	停留人次数	TS	停留人次数	TS	停留人次数
8：00	1.76	0	2.1	20	1.81	0	2.08	50	2.15	30
9：00	1.79	0	2.5	25	1.86	0	2.21	58	2.36	54
10：00	1.85	0	2.87	35	1.91	0	3.14	63	2.49	51
11：00	1.9	0	2.85	60	1.94	0	3.18	68	2.5	95
12：00	2.05	60	3.17	15	2.1	105	3.21	75	2.96	80
13：00	2.18	70	3.28	15	2.85	106	3.23	76	3.15	75
14：00	2.24	23	3.5	61	2.67	40	3.25	78	3.15	74
15：00	2.16	14	3.38	65	2.57	80	3.24	64	2.98	75
16：00	2.09	9	3.12	60	2.51	55	3.21	55	2.94	66
17：00	1.91	0	2.09	44	2.43	105	3.17	50	2.93	55
18：00	1.87	0	2.07	50	2.22	94	3.07	53	2.86	55
总人次数和 TS 均值	1.98	176	2.81	450	2.26	585	3.00	690	2.77	710

附录 2-2　春秋季休憩者在休憩点停留或离开及原因问卷统计

季节	春秋	时间	8 时	9 时	10 时	11 时	12 时	13 时	14 时	15 时	16 时	17 时	18 时	合计
择停留人次数		石桥	15	13	10	10	5	5	13	13	15	8	6	113
		水槛	0	0	0	0	18	13	10	8	8	7	0	64
		楠木园休憩点	0	0	0	0	30	30	30	30	30	30	30	210

续表

季节 春秋	时间		8时	9时	10时	11时	12时	13时	14时	15时	16时	17时	18时	合计
择停留人次数		茅屋院子	30	30	30	30	28	25	25	30	30	30	30	318
		万佛楼	30	30	30	30	28	30	30	30	30	30	30	328
选择离开人次数		石桥	15	17	20	20	25	25	17	16	15	22	24	216
		水槛	30	30	30	30	12	17	20	22	22	23	30	266
		楠木园休憩点	30	30	30	30	0	0	0	0	0	0	0	120
		茅屋院子	0	0	0	0	2	5	5	0	0	0	0	12
		万佛楼	0	0	0	0	2	0	0	0	0	0	0	2
选择停留原因	气候舒适宜人	石桥												0
		水槛												0
		楠木园休憩点												0
		茅屋院子												0
		万佛楼												0
	景观优美	石桥	2	3	0	0	2	2	5	6	4	2	3	29
		水槛					8	3	2	1	1	1		16
		楠木园休憩点					12	15	14	15	12	16	12	96
		茅屋院子	25	26	25	28	25	20	22	28	26	30	30	285
		万佛楼	30	30	30	30	28	30	30	30	30	30	30	328
	植物/水体旁空气质量好	石桥	8	10	6	4	2	3	8	6	10	3	3	63
		水槛					10	10	8	7	7			42
		楠木园休憩点					18	15	16	15	18	14	18	114
		茅屋院子												0
		万佛楼												0
	享受阳光	石桥	5		4	6	1	0	0	2	1	3		22
		水槛												0
		楠木园休憩点												0
		茅屋院子	5	4	5	2	3	3	3	2	4			31
		万佛楼												0

续表

季节	春秋	时间	8时	9时	10时	11时	12时	13时	14时	15时	16时	17时	18时	合计
选择停留原因	冷，还能忍受	石桥												0
		水槛										0		0
		楠木园休憩点												0
		茅屋院子												0
		万佛楼												0
	其他原因	石桥											1	1
		水槛									1			1
		楠木园休憩点												0
		茅屋院子						2						2
		万佛楼												0
选择离开原因	冷	石桥												
		水槛	30	30	30	25						9	30	154
		楠木园休憩点	30	30	30	25								115
		茅屋院子												
		万佛楼												
	其他休憩点景观更优美	石桥	15	17	18	19	23	24	14	16	15	21	24	206
		水槛				5	12	17	20	22	22	13		111
		楠木园休憩点				5								5
		茅屋院子							2					2
		万佛楼												0
	其他原因	石桥			2	1	2	1	3			1		10
		水槛										1		1
		楠木园休憩点				1								1
		茅屋院子					2	5	3					10
		万佛楼					2							2

附录2-3　　　　夏季休憩点 WBGT 值与停留人次数

夏季 时间	水槛		石桥		楠木园休憩点		茅屋院子		万佛楼	
	WBGT	停留人次数	WBGT	停留人次数	WBGT	停留人次数	WBGT	停留人次数	WBGT	停留人次数
8：00	23.9	10	29.1	50	23.9	54	29.4	95	24.5	83
9：00	24.1	26	29.5	30	24.1	50	30.5	7	25.6	85
10：00	24.4	30	30.5	0	24.7	80	34.3	0	26.8	90
11：00	24.9	50	31	0	25.2	95	35.1	0	27.9	90
12：00	25.7	155	32.3	0	26.8	110	35.3	0	29.5	10
13：00	26.2	205	32.9	0	27.3	145	35.9	0	30.2	9
14：00	26.9	240	33.3	0	27.8	140	36.9	0	31.4	0
15：00	26.5	255	33	0	28	110	36.5	0	31.1	0
16：00	26.1	185	31.5	0	26.8	90	34.2	0	28.5	96
17：00	25.8	85	30.1	10	26.5	74	31.4	0	27.9	95
18：00	25.2	84	29.8	10	26.1	76	29.8	58	27.1	92
WBGT 均值与停留人次数合计	25.4	1325	31.2	100	26.1	1024	33.6	160	28.2	650

附录2-4　　夏季休憩者离开或停留休憩点原因问卷统计

季节	春秋	时间	8时	9时	10时	11时	12时	13时	14时	15时	16时	17时	18时	合计
择停留人次数	石桥		4	8	0	0	0	0	0	0	0	1	6	19
	水槛		4	5	10	14	15	15	15	15	14	13	5	125
	楠木园休憩点		12	12	10	11	13	15	15	15	15	13	5	136
	茅屋外院子		15	3	0	0	0	0	0	0	0	0	15	33
	万佛楼		15	15	15	15	15	4	0	0	15	15	15	124
选择离开人数	石桥		11	7	15	15	15	15	15	15	15	14	9	146
	水槛		11	10	5	1	0	0	0	0	1	2	10	40
	楠木园休憩点		3	3	5	4	2	0	0	0	0	2	10	29
	茅屋外院子		0	12	15	15	15	15	15	15	15	15	0	132
	万佛楼		0	0	0	0	0	11	15	15	0	0	0	41

续表

季节	春秋	时间	8时	9时	10时	11时	12时	13时	14时	15时	16时	17时	18时	合计
选择停留原因	很凉爽，很舒适	石桥												0
		水槛		5	8	14	15					13		55
		楠木园休憩点	3	8	8	10								29
		茅屋外院子												0
		万佛楼												0
	较凉爽，较舒适	石桥												0
		水槛						15	15	15	14			59
		楠木园休憩点					13	15	15	15	15	13	3	89
		茅屋外院子												0
		万佛楼		12	15	15					15	10	6	73
	凉爽舒适	石桥	2	2									2	6
		水槛											3	3
		楠木园休憩点												0
		茅屋外院子												0
		万佛楼					15							15
	景观优美，值得停留	石桥		3										3
		水槛												0
		楠木园休憩点	5		2									7
		茅屋外院子	15	1									15	31
		万佛楼	15	3				1				5	4	28
	植物/水体旁空气质量好	石桥	2	3									4	9
		水槛	4		2								2	8
		楠木园休憩点	4	4		1							2	11

续表

季节 春秋		时间	8时	9时	10时	11时	12时	13时	14时	15时	16时	17时	18时	合计
选择停留原因	植物/水体旁空气质量好	茅屋外院子												0
		万佛楼												0
	稍不舒适,还能忍受	石桥										1		1
		水槛												0
		楠木园休憩点												0
		茅屋外院子		2										2
		万佛楼						3						3
	其他原因	石桥		1										1
		水槛												0
		楠木园休憩点												0
		茅屋外院子												0
		万佛楼												0
选择离开原因	闷热潮湿,较不舒适	石桥			2	5					15			22
		水槛												0
		楠木园休憩点												0
		茅屋外院子										15		15
		万佛楼						1	14	15				30
	湿热,不舒适	石桥			11	10						14	1	36
		水槛												0
		楠木园休憩点										0		0
		茅屋外院子		12										12
		万佛楼						10						10

续表

季节	春秋	时间	8时	9时	10时	11时	12时	13时	14时	15时	16时	17时	18时	合计
选择离开原因	有更优美适宜的场所	石桥	11	7									8	26
		水槛	11	10	5	1					1	2	10	40
		楠木园休憩点	3	3	5	4	2					2	10	29
		茅屋外院子												0
		万佛楼												0
	其他原因	石桥			2									2
		水槛												0
		楠木园休憩点					2							2
		茅屋外院子												0
		万佛楼							1					1

附录2-5 冬季观测点微气候舒适度（TS值）与休憩停留人次数

冬季	水槛		石桥		楠木园休憩点		茅屋院子		万佛楼	
时间	TS	停留人次数	TS	停留人次数	TS	停留人次数	TS	停留人次数	TS	停留人次数
8:00	1.57	0	1.67	0	1.12	0	1.7	3	1.6	0
9:00	1.59	0	1.95	2	1.44	0	2	65	1.68	0
10:00	1.64	0	1.98	2	1.68	0	2.15	65	1.79	0
11:00	1.95	3	2.25	15	1.92	10	2.29	70	1.81	0
12:00	1.98	6	2.41	20	2.05	35	2.52	75	1.97	15
13:00	2	10	2.48	30	2.12	50	2.65	86	2.05	35
14:00	1.99	12	2.43	20	2.15	45	2.63	90	2.1	110
15:00	1.97	5	2.37	20	1.94	0	2.35	88	2	90
16:00	1.82	0	2.32	11	0.85	0	2.28	88	1.97	15
17:00	1.78	0	2.26	10	0.62	0	2.04	70	1.95	15

冬季	水槛		石桥		楠木园休憩点		茅屋院子		万佛楼	
18：00	1.75	0	2.15	5	0.6	0	2.01	60	1.89	0
TS 均值和停留人次数	1.82	36	2.21	135	1.50	140	2.24	760	1.89	280

附录2-6　观测点休憩者停留／离开原因问卷调查汇总（冬季）

季节	冬季	时间	8时	9时	10时	11时	12时	13时	14时	15时	16时	17时	18时	合计
选择停留人数		石桥	0	1	2	5	5	5	6	4	2	1	1	32
		水槛	0	0	0	0	2	5	2	1	0	0	0	10
		楠木园休憩点	0	0	0	5	8	10	13	5	0	0	0	41
		茅屋外院子	0	15	15	15	15	15	15	15	15	15	15	150
		万佛楼	0	0	0	0	5	15	15	15	9	7	2	68
选择离开人数		石桥	15	14	13	10	10	10	9	11	13	14	14	133
		水槛	15	15	15	15	13	10	13	14	15	15	15	155
		楠木园休憩点	15	15	15	10	7	5	2	10	15	15	15	124
		茅屋外院子	15	0	0	0	0	0	0	0	0	0	0	15
		万佛楼	15	15	15	15	10	0	0	0	6	8	13	97
选择停留原因	享受阳光，舒适温暖	石桥					3	5	5	4	2	2	1	1	23
		水槛												0
		楠木园休憩点					2	5	9					16
		茅屋外院子		15	15	15	15	15	15	15	15	15	15	150
		万佛楼					15	15	15	2				47
	场所优美适宜，值得停留	石桥												0
		水槛												0
		楠木园休憩点					3	2		6				11

续表

季节	冬季	时间	8时	9时	10时	11时	12时	13时	14时	15时	16时	17时	18时	合计
选择停留原因	场所优美适宜，值得停留	茅屋外院子												0
		万佛楼					3				4	3	1	11
	植物/水体旁空气质量好	石桥			1	2			2	2				7
		水槛						5						5
		楠木园休憩点				3	6	2	2					13
		茅屋外院子												0
		万佛楼												0
	有点冷，还能忍受	石桥		1	1				0					2
		水槛					2		2	1				5
		楠木园休憩点				2				5				7
		茅屋外院子												0
		万佛楼					2				3	4	1	10
	其他原因	石桥												0
		水槛												0
		楠木园休憩点												0
		茅屋外院子												0
		万佛楼												0
选择离开原因	冷，不舒适	石桥	15	14	13									42
		水槛	13	14	14	15	13		13	14	15	15	14	140
		楠木园休憩点	14	14	15	10				9				62
		茅屋外院子	15											15
		万佛楼	14	14	15	15	10				6	8	13	95

续表

季节		时间	8时	9时	10时	11时	12时	13时	14时	15时	16时	17时	18时	合计
冬季														
选择离开原因	较冷，较不舒适	石桥												0
		水槛	2	1	1								1	5
		楠木园休憩点	1	1						1	15	14	14	46
		茅屋外院子												0
		万佛楼	1	1										2
	非常冷，很不舒适	石桥												0
		水槛												0
		楠木园休憩点										1	1	2
		茅屋外院子												0
		万佛楼												0
	有更优美适宜的场所	石桥				10	10	9	9	11	13	14	13	89
		水槛						10						10
		楠木园休憩点					6	5	2					13
		茅屋外院子												0
		万佛楼												0
	其他原因	石桥						1					1	2
		水槛												0
		楠木园休憩点					1							1
		茅屋外院子												0
		万佛楼												0

附录 2－7   **杜甫草堂休憩者调查问卷**

1. 杜甫草堂中，在您去过以下景观场所（点）中打"√"
（可复选）

  石桥（梅苑外）（ ）   水槛（ ）

  茅屋院子（ ）   楠木园休憩点（ ）

  万佛楼（ ）

2. 杜甫草堂中，若您去过以下景观场所，您觉得最值得去
（景观最美）的场所是（单选）：

  石桥（梅苑外）（ ）   水槛（ ）

  茅屋院子（ ）   楠木园休憩点（ ）

  万佛楼（ ）

3. 您在此处现在感觉（单选）：

  非常舒适（ ） 较舒适（ ） 舒适（ ）

  不舒适：冷（ ） 热（ ）

  较不舒适：较冷（ ） 较热（ ）

  非常不舒适：非常热（ ） 非常冷（ ）

4. 您愿意（ ）或不愿意（ ）在此停留（20 分钟以
上）最主要的原因是（单选）：

  气候舒适（ ）

  场所优美适宜，值得停留（ ）

  植物/水体旁空气质量好（ ）

  享受阳光，温暖舒适（ ）

  冷，还能忍受（ ）

  较冷（ ）

  有更优美适宜的场所（ ）

其他原因 （　　　　　　　　　　　　　　　）

（夏季）：

5. 您愿意 （　　　） 或不愿意 （　　　） 在此停留 （20 分钟以
上） 最主要的原因是 （单选）：

舒适凉爽 （　　　）

场所优美适宜，值得停留 （　　　）

植物／水体旁空气质量好 （　　　）

有点热，还能忍受 （　　　）

湿热，不舒适 （　　　）

闷热潮湿，较不舒适 （　　　）

高热高湿，很不舒适 （　　　）

有更优美适宜的场所 （　　　）

其他原因 （　　　　　　　　　　　　　　）

（冬季）

6. 您愿意 （　　　） 或不愿意 （　　　） 在此停留 （20 分钟以
上） 最主要的原因是 （单选）：

享受阳光，舒适温暖 （　　　）

场所优美适宜，值得停留 （　　　）

植物／水体旁空气质量好 （　　　）

有点冷，还能忍受 （　　　）

冷，不舒适

较冷，较不舒适 （　　　）

非常冷，很不舒适 （　　　）

有更优美适宜的场所 （　　　）

其他原因 （　　　　　　　　　　）

附录3-1　成都市杜甫草堂景区夏季地面铺装微气候参数实测（均值）

时刻	铺地类型	气温（℃）	环境辐射温度（℃）	太阳辐射照度（W/m²）	相对湿度（%）	风速（m/s）
8：00	自然裸地	25	26	244.9	80	0.5
	沥青地	25.2	27.5	244.9	80	0.5
	石板地	25.2	27	244.9	79	0.5
	草地	24.5	26	244.9	82	0.5
9：00	自然裸地	25.8	27	339.1	80	0.6
	沥青地	26	28.3	339.1	79	0.6
	石板地	26	29	339.1	79	0.6
	草地	25.8	26.5	339.1	81	0.6
10：00	自然裸地	27.4	29.5	709.4	78	0.4
	沥青地	27.8	31.4	709.4	76	0.4
	石板地	27.8	31	709.4	76	0.4
	草地	27	29	709.4	79	0.4
11：00	自然裸地	28.5	31	793	77	0.1
	沥青地	29.2	32.6	793	75	0.1
	石板地	28.9	31.6	793	75	0.1
	草地	28.3	30	793	77	0.2
12：00	自然裸地	30.2	32.5	901.6	70	0.1
	沥青地	30.7	34.5	901.6	70	0.1
	石板地	30.5	34	901.6	70	0.1
	草地	29.8	31	901.6	76	0.2
13：00	自然裸地	31.5	33.5	853.4	65	0.1
	沥青地	32.6	36.4	853.4	65	0.1
	石板地	32	36	853.4	65	0.1
	草地	31	33.4	853.4	75	0.2
14：00	自然裸地	31.8	33.5	740.7	68	0.1
	沥青地	32.4	38	740.7	66	0.1
	石板地	32.1	37	740.7	66	0.1
	草地	31.5	32	740.7	73	0.1

续表

时刻	铺地类型	气温（℃）	环境辐射温度（℃）	太阳辐射照度（W/m²）	相对湿度（%）	风速（m/s）
15：00	自然裸地	32	34.8	525.3	64	0.1
	沥青地	32.5	35	525.3	62	0.1
	石板地	32.3	35	525.3	62	0.1
	草地	31.5	32	525.3	70	0.2
16：00	自然裸地	31.4	32.7	399	70	0.2
	沥青地	31.7	33.6	399	69	0.1
	石板地	31.5	33	399	69	0.1
	草地	31	32.7	399	71	0.2
17：00	自然裸地	29.5	30.5	197.8	75	0.1
	沥青地	30.1	32	197.8	73	0.1
	石板地	30	31.4	197.8	73	0.1
	草地	29.4	30.4	197.8	75	0.2
18：00	自然裸地	28.4	29.4	56.5	75	0.2
	沥青地	28.6	30.5	56.5	75	0.2
	石板地	28.5	29.8	56.5	75	0.2
	草地	28	28	56.5	75	0.2

附录 3-2　成都市杜甫草堂景区地面铺装类型冬季微气候参数实测（均值）

时刻	铺地类型	气温（℃）	相对湿度（%）	太阳辐射照度（W/m²）	地表温度（℃）	风速（m/s）
8：00	自然裸地	5	80	19.9	4.2	0.6
	沥青地	5	80	19.9	4.2	0.6
	石板地	5	80	19.9	4.2	0.6
	草地	4.9	81	19.9	4	0.6
9：00	自然裸地	6.3	78	112.2	7	0.4
	沥青地	6.5	78	112.2	8.5	0.4
	石板地	6.5	78	112.2	8.5	0.4
	草地	5.5	78	112.2	6.5	0.4

时刻	铺地类型	气温（℃）	相对湿度（%）	太阳辐射照度（W/m²）	地表温度（℃）	风速（m/s）
10：00	自然裸地	6.7	67	157.9	8.8	0.3
	沥青地	8.4	65	157.9	12.4	0.3
	石板地	7.9	65	157.9	11.2	0.3
	草地	6.1	74	157.9	8.1	0.3
11：00	自然裸地	7.8	65	187.86	10.2	0.1
	沥青地	8.1	62	187.86	15.8	0.1
	石板地	7.9	63	187.86	15	0.1
	草地	6.8	70	187.86	9.6	0.1
12：00	自然裸地	7.8	64	195.78	11.4	0.5
	沥青地	8.9	59	195.78	18.5	0.5
	石板地	8.6	60	195.78	15.8	0.5
	草地	7.5	67	195.78	11.2	0.5
13：00	自然裸地	8.9	60	180.4	13.8	0.4
	沥青地	10.8	56	180.4	19.5	0.4
	石板地	10.5	57	180.4	18.4	0.4
	草地	8.3	65	180.4	12.5	0.4
14：00	自然裸地	9.9	59	143.9	14.8	1
	沥青地	10.2	55	143.9	21.5	1
	石板地	10	57	143.9	19.4	1
	草地	8.9	65	143.9	13.4	1
15：00	自然裸地	9	64	94.8	12.9	1.2
	沥青地	9.9	60	94.8	16.8	1.2
	石板地	9.5	60	94.8	16	1.2
	草地	8.8	66	94.8	12.5	1.2
16：00	自然裸地	8.5	68	42.6	9	1.8
	沥青地	8.9	68	42.6	10.1	1.8
	石板地	8.8	68	42.6	10.3	1.8
	草地	8.5	68	42.6	11.1	1.8

续表

时刻	铺地类型	气温 （℃）	相对湿度 （%）	太阳辐射 照度 （W/m²）	地表温度 （℃）	风速 （m/s）
17：00	自然裸地	7.6	71	1	8.3	2.2
	沥青地	7.3	71	1	7.2	2.2
	石板地	7.5	71	1	7.4	2.2
	草地	8	71	1	8.1	2.2
18：00	自然裸地	7.4	74	1	6.9	2
	沥青地	6.4	74	1	5	2
	石板地	6.8	74	1	5.4	2
	草地	7.6	74	1	7.8	2

附录3-3　杜甫草堂景区夏季不同植物景观中微气候参数实测值（均值）

时刻	植物景观类型	气温 （℃）	环境辐射 温度 （℃）	太阳辐射 照度 （W/m²）	相对湿度 （%）	风速 （m/s）
8：00	东东南段林荫道（迎风）	22	23	101	82	0.5
	北北东段林荫道（背风）	23	23	82	84	0.1
	香樟密林	24	26	33	85	0.1
	草地	24.5	26	244.9	82	0.5
9：00	东东南段林荫道（迎风）	23.8	24	110	78	1.0
	北北东段林荫道（背风）	25	25	60	81	0.2
	香樟密林	25.5	26.5	60	82	0.1
	草地	25.8	26.5	339.1	81	0.6
10：00	东东南段林荫道（迎风）	24.6	24	162	76	1.1
	北北东段林荫道（背风）	26	26	134	78	0.3
	香樟密林	26.5	28	81	81	0.1
	草地	27	29	709.4	79	0.4
11：00	东东南段林荫道（迎风）	25	26	172	74	0.9
	北北东段林荫道（背风）	26	26	155	77	0.2
	香樟密林	28	30	103	79	0.1
	草地	28.3	30	793	77	0.2

时刻	植物景观类型	气温（℃）	环境辐射温度（℃）	太阳辐射照度（W/m²）	相对湿度（%）	风速（m/s）
12: 00	东东南段林荫道（迎风）	26.6	27	215	74	1
	北北东段林荫道（背风）	27.4	28	169	76	0.3
	香樟密林	29	32	103	79	0.1
	草地	29.8	31	901.6	76	0.2
13: 00	东东南段林荫道（迎风）	28.5	28.5	185	72	1.5
	北北东段林荫道（背风）	29	30	132	73	0.3
	香樟密林	30	30	95	78	0.1
	草地	31	33.4	853.4	75	0.2
14: 00	东东南段林荫道（迎风）	29	30	155	70	1.1
	北北东段林荫道（背风）	30	30	124	73	0.4
	香樟密林	31	32	86	75	0.1
	草地	31.5	32	740.7	73	0.1
15: 00	东东南段林荫道（迎风）	29.2	30	143	68	1
	北北东段林荫道（背风）	30	30	75	70	0.3
	香樟密林	31	32	61	73	0.1
	草地	31.5	32	525.3	70	0.2
16: 00	东东南段林荫道（迎风）	28	28	125	69	0.9
	北北东段林荫道（背风）	29.5	30	62	70	0.4
	香樟密林	31	32	55	72	0.1
	草地	31	32.7	399	71	0.2
17: 00	东东南段林荫道（迎风）	27.5	28	50	74	0.9
	北北东段林荫道（背风）	28.5	29	28	75	0.4
	香樟密林	29.5	31	24	77	0.1
	草地	29.4	30.4	197.8	75	0.2
18: 00	东东南段林荫道（迎风）	27	27	8	74	0.7
	北北东段林荫道（背风）	27	27	8	74	0.2
	香樟密林	28	28	5	75	0.1
	草地	28	28	56.5	75	0.2

附录 3 - 4　杜甫草堂景区冬季不同植物景观中微气候参数实测值（均值）

时刻	铺地类型	气温	相对湿度	太阳辐射照度	地表温度	风速
8：00	东东南段林荫道（背风）	4.5	80.0	15.0	4.0	0.1
	北北东段林荫道（迎风）	3.0	78.0	15.0	2.8	1.2
	香樟密林	4.5	81.0	2.0	2.1	0.1
	草地	4.9	81.0	19.9	4.0	0.6
9：00	东东南段林荫道（背风）	5.3	78.0	100.0	6.3	0.1
	北北东段林荫道（迎风）	3.9	77.0	100.0	5.9	1.1
	香樟密林	4.5	80.0	20.0	4.8	0.1
	草地	5.5	78.0	112.2	6.5	0.4
10：00	东东南段林荫道（背风）	6.0	74.0	135.0	8.1	0.2
	北北东段林荫道（迎风）	4.5	72.0	135.0	6.2	0.9
	香樟密林	4.1	75.0	31.0	5.3	0.1
	草地	6.1	74.0	157.9	8.1	0.3
11：00	东东南段林荫道（背风）	6.5	70.0	167.0	9.3	0.2
	北北东段林荫道（迎风）	5.9	70.0	167.0	8.2	0.9
	香樟密林	4.7	71.0	42.0	6.7	0.1
	草地	6.8	70.0	187.9	9.6	0.1
12：00	东东南段林荫道（背风）	7.6	67.0	176.0	11.5	0.1
	北北东段林荫道（迎风）	6.6	66.0	176.0	8.3	1.1
	香樟密林	5.1	69.0	49.0	7.1	0.1
	草地	7.5	67.0	195.8	11.2	0.5
13：00	东东南段林荫道（背风）	8.5	65.0	168.0	13.0	0.2
	北北东段林荫道（迎风）	5.8	65.0	168.0	10.0	1.3
	香樟密林	6.0	67.0	40.0	8.6	0.1
	草地	8.3	65.0	180.4	12.5	0.4
14：00	东东南段林荫道（背风）	9.1	65.0	141.0	14.0	0.2
	北北东段林荫道（迎风）	6.1	64.0	141.0	8.3	1.2
	香樟密林	5.9	66.0	36.0	7.3	0.1
	草地	8.9	65.0	143.9	13.4	0.3
15：00	东东南段林荫道（背风）	9.0	67.0	80.0	13.0	0.4
	北北东段林荫道（迎风）	5.9	65.0	80.0	8.1	2.0

续表

时刻	铺地类型	气温	相对湿度	太阳辐射照度	地表温度	风速
15: 00	香樟密林	6.0	69.0	27.0	6.9	0.2
	草地	8.8	66.0	94.8	12.5	1.2
16: 00	东东南段林荫道（背风）	9.5	68.0	15.0	12.2	0.6
	北北东段林荫道（迎风）	5.2	68.0	15.0	6.0	3.1
	香樟密林	6.0	68.0	8.0	7.2	0.3
	草地	8.5	68.0	42.6	11.1	1.8
17: 00	东东南段林荫道（背风）	9.3	71.0	1.0	9.3	1.0
	北北东段林荫道（迎风）	5.1	71.0	1.0	5.1	3.6
	香樟密林	5.9	71.0	1.0	5.9	0.9
	草地	8.0	71.0	1.0	8.1	2.2
18: 00	东东南段林荫道（背风）	8.4	74.0	1.0	8.4	1.0
	北北东段林荫道（迎风）	4.9	74.0	1.0	4.9	3.0
	香樟密林	5.4	74.0	1.0	5.5	0.9
	草地	7.6	74.0	1.0	7.8	2.0

附录3-5　夏季不同水体景观和其他景观场所中微气候参数实测值（均值）

时刻	水体景观类型	气温（℃）	环境辐射温度（℃）	太阳辐射照度（W/m²）	相对湿度（%）	风速（m/s）
8: 00	楠木园休憩点	22	23	101	82	0.5
	楠木园水渠	21.8	23	101	82	0.5
	水系景点（树荫下）	22	24	130	82	0.7
	水系景点（露天）	24.5	25	244.9	81	0.5
	自然裸地	25	26	244.9	80	0.5
9: 00	楠木园休憩点	23.8	24	110	78	1.0
	楠木园水渠	23.5	24	110	78	1
	水系景点（树荫下）	24	25	150	78	1.1
	水系景点（露天）	25	26	339.1	80	0.6
	自然裸地	25.8	27	339.1	80	0.6

续表

时刻	水体景观类型	气温 （℃）	环境辐射 温度 （℃）	太阳辐射 照度 （W/m²）	相对湿度 （%）	风速 （m/s）
10：00	楠木园休憩点	24.6	24	162	76	1.1
	楠木园水渠	24.5	24	162	76	1.2
	水系景点（树荫下）	25	26	200	77	1.4
	水系景点（露天）	27	29	709.4	79	0.5
	自然裸地	27.4	30.5	709.4	78	0.4
11：00	楠木园休憩点	25	26	172	74	0.9
	楠木园水渠	24.8	26	172	74	0.9
	水系景点（树荫下）	25	25.5	286	70	1.2
	水系景点（露天）	27.9	30	793	78	0.3
	自然裸地	28.5	31	793	77	0.1
12：00	楠木园休憩点	26.6	27	215	74	1
	楠木园水渠	26.3	27	215	74	1.1
	水系景点（树荫下）	27	29	354	72	1.3
	水系景点（露天）	29.5	31	901.6	71	0.2
	自然裸地	30.2	32.5	901.6	70	0.1
13：00	楠木园休憩点	28.5	28.5	185	72	1.5
	楠木园水渠	28	28.5	185	72	1.6
	水系景点（树荫下）	28.5	30	315	69	1.8
	水系景点（露天）	30	31	853.4	66	0.5
	自然裸地	31.5	33.5	853.4	65	0.1
14：00	楠木园休憩点	29	30	155	70	1.1
	楠木园水渠	28.5	30	155	70	1.2
	水系景点（树荫下）	29	31	290	69	1.4
	水系景点（露天）	30	32	740.7	69	0.4
	自然裸地	31.8	33.5	740.7	68	0.1
15：00	楠木园休憩点	29.2	30	143	68	1
	楠木园水渠	28.8	30	143	68	1.2
	水系景点（树荫下）	29.8	31	215	68	1.4
	水系景点（露天）	31.5	33	525.3	66	0.4

续表

时刻	水体景观类型	气温 (℃)	环境辐射 温度 (℃)	太阳辐射 照度 (W/m²)	相对湿度 (%)	风速 (m/s)
15：00	自然裸地	32	34.8	525.3	64	0.1
16：00	楠木园休憩点	28	28	125	69	
	楠木园水渠	27.5	28	125	69	
	水系景点（树荫下）	28.4	29	190	68	
	水系景点（露天）	30	32	399	69	
	自然裸地	31.4	32.7	399	70	
17：00	楠木园林荫道	27.5	28	50	74	
	楠木园水渠	26.9	27	50	74	
	水系景点（树荫下）	28	29	100	74	
	水系景点（露天）	29	30	197.8	75	
	自然裸地	29.5	30.5	197.8	75	
18：00	楠木园林荫道	27	27	8	74	
	楠木园水渠	26.8	27	8	74	
	水系景点（树荫下）	27	28	20	75	
	水系景点（露天）	27.9	29	56.5	75	
	自然裸地	28.4	29.4	56.5	75	

附录3-6　　杜甫草堂冬季不同水体景观和其他景观场所中

微气候参数实测值（均值）

时刻	水体景观类型	气温	相对湿度	太阳辐射 照度	地表温度	风速
8：00	楠木园林荫道	4.5	80.0	15.0	4.0	0.1
	楠木园水渠	4.4	80.0	15.0	3.8	0.1
	水系景点（柳树荫下）	4.5	80.0	18.0	4.0	0.1
	水系景点（露天）	4.5	80.0	19.9	4.0	0.2
	自然裸地	5.0	80.0	19.9	4.2	0.6

续表

时刻	水体景观类型	气温	相对湿度	太阳辐射照度	地表温度	风速
9：00	楠木园林荫道	5.3	78.0	100.0	6.3	0.1
	楠木园水渠	5.3	78.0	100.0	6.2	0.1
	水系景点（柳树荫下）	5.4	78.0	108.0	7.0	0.1
	水系景点（露天）	5.4	78.0	112.2	7.0	0.2
	自然裸地	6.3	78.0	112.2	7.0	0.4
10：00	楠木园林荫道	6.0	74.0	135.0	8.1	0.2
	楠木园水渠	5.8	74.0	135.0	8.1	0.2
	水系景点（柳树荫下）	6.2	75.0	149.5	8.4	0.3
	水系景点（露天）	6.1	75.0	157.9	8.5	0.5
	自然裸地	6.7	67.0	157.9	8.8	0.3
11：00	楠木园林荫道	6.5	70.0	167.0	9.3	0.2
	楠木园水渠	6.4	71.0	167.0	9.2	0.2
	水系景点（柳树荫下）	7.1	71.0	178.0	9.8	0.2
	水系景点（露天）	7.1	71.0	187.9	9.8	0.3
	自然裸地	7.8	65.0	187.9	10.2	0.1
12：00	楠木园林荫道	7.6	67.0	176.0	11.5	0.1
	楠木园水渠	7.6	67.0	176.0	11.5	0.1
	水系景点（柳树下）	7.7	66.0	189.0	11.6	0.1
	水系景点（露天）	7.7	66.0	195.8	12.0	0.5
	自然裸地	7.8	64.0	195.8	11.4	0.5
13：00	楠木园林荫道	8.5	65.0	168.0	13.0	0.2
	楠木园水渠	8.4	65.0	168.0	13.0	0.2
	水系景点（柳树下）	8.8	67.0	176.5	14.0	0.2
	水系景点（露天）	8.8	67.0	180.4	14.0	0.4
	自然裸地	8.9	60.0	180.4	13.8	0.4
14：00	楠木园林荫道	9.1	65.0	141.0	14.0	0.2
	楠木园水渠	9.1	65.0	141.0	14.0	0.3
	水系景点（柳树下）	9.5	65.0	141.0	14.5	0.2
	水系景点（露天）	9.4	65.0	143.9	14.0	0.5
	自然裸地	9.9	59.0	143.9	14.8	1.0

续表

时刻	水体景观类型	气温	相对湿度	太阳辐射照度	地表温度	风速
15：00	楠木园林荫道	9.0	67.0	80.0	13.0	0.5
	楠木园水渠	9.0	67.0	80.0	13.0	0.5
	水系景点（柳树下）	9.4	68.0	88.0	14.0	0.6
	水系景点（露天）	9.2	68.0	94.8	13.0	0.9
	自然裸地	9.0	64.0	94.8	12.9	1.2
16：00	楠木园林荫道	9.5	68.0	15.0	12.2	0.6
	楠木园水渠	9.5	68.0	15.0	12.2	0.6
	水系景点（柳树下）	9.8	69.0	30.0	13.0	0.6
	水系景点（露天）	9.6	69.0	42.6	12.0	1.0
	自然裸地	8.5	68.0	42.6	9.0	1.8
17：00	楠木园林荫道	9.3	71.0	1.0	9.3	1.0
	楠木园水渠	9.2	71.0	1.0	9.2	1.0
	水系景点（柳树下）	9.4	72.0	1.0	9.5	1.8
	水系景点（露天）	9.3	72.0	1.0	9.4	2.0
	自然裸地	7.6	71.0	1.0	8.3	2.2
18：00	楠木园林荫道	8.4	74.0	1.0	8.4	1.0
	楠木园水渠	8.4	74.0	1.0	8.4	1.0
	水系景点（柳树下）	8.6	74.0	1.0	8.6	1.0
	水系景点（露天）	8.5	74.0	1.0	8.5	2.0
	自然裸地	7.4	74.0	1.0	6.9	2.0

附录3－7　夏季杜甫草堂不同建筑物景观场所中微气候参数实测值（均值）

时刻	景观类型	气温（℃）	环境辐射温度（℃）	太阳辐射照度（W/m²）	相对湿度（%）	风速（m/s）
8：00	廊外院子	25.2	27	244.9	79	0.5
	廊	25	27	50	79	0.5
	轩外院子	25	27	144.9	79	0.5
	听秋轩	24.8	26	50	79	0.5
	茅亭	24	25.5	40	79	0.6

续表

时刻	景观类型	气温 （℃）	环境辐射 温度（℃）	太阳辐射照 度（W/m²）	相对湿度 （%）	风速 （m/s）
9：00	廊外院子	26	29	339.1	79	0.6
	廊	25.8	29	80	79	0.6
	轩外院子	26	28.8	229.1	79	0.6
	听秋轩	25	28	76	79	0.6
	茅亭	24.5	27	60	79	0.6
10：00	廊外院子	27.8	31	709.4	76	0.4
	廊	26.5	29	100	76	0.4
	轩外院子	27	30	359.4	76	0.4
	听秋轩	26	27	90	76	0.4
	茅亭	25.5	26	78	76	0.5
11：00	廊外院子	28.9	31.6	793	75	0.1
	廊	27	28.8	105	75	0.2
	轩外院子	27.9	29	410	75	0.3
	听秋轩	26.8	28	95	75	0.3
	茅亭	27	27	80	75	0.4
12：00	廊外院子	30.5	34	901.6	70	0.1
	廊	28.8	30	129	70	0.3
	轩外院子	29.5	32	501.6	70	0.5
	听秋轩	28	30	100	70	0.5
	茅亭	27	29.5	90	70	0.6
13：00	廊外院子	32	36	853.4	65	0.1
	廊	29	31	108	65	0.3
	轩外院子	31	33.4	453.4	65	0.4
	听秋轩	28.5	30	89	65	0.4
	茅亭	27.5	29	80	65	0.5
14：00	廊外院子	32.1	37	740.7	66	0.1
	廊	30.6	32	90	65	0.3
	轩外院子	31.5	34	400.7	63	0.3
	听秋轩	29	30	75	63	0.3
	茅亭	28.5	29.5	70	63	0.3

续表

时刻	景观类型	气温 （℃）	环境辐射 温度（℃）	太阳辐射照 度（W/m²）	相对湿度 （%）	风速 （m/s）
15：00	廊外院子	32.3	35	525.3	62	0.1
	廊	28	30	60	62	0.2
	轩外院子	29.3	32	325.3	62	0.3
	听秋轩	27.8	29	52	62	0.3
	茅亭	27	28.5	46	62	0.4
16：00	廊外院子	31.5	33	399	69	0.1
	廊	27	29	55	69	0.2
	轩外院子	28	33	259	69	0.3
	听秋轩	27	29	45	69	0.3
	茅亭	26	28	40	69	0.2
17：00	廊外院子	30	31.4	197.8	73	0.1
	廊	27	29	40	73	0.3
	轩外院子	27.6	31.4	97.8	73	0.4
	听秋轩	27	29	40	73	0.4
	茅亭	26.6	28	38	73	0.5
18：00	廊外院子	28.5	29.8	56.5	75	0.2
	廊	26	28	10	75	0.3
	轩外院子	26	28	16.5	75	0.3
	听秋轩	25.5	27	10	75	0.3
	茅亭	24.7	26	10	75	0.4

附录 3-8 冬季杜甫草堂景区不同建筑物景观场所中微气候参数实测（均值）

时刻	观测场地	气温	相对湿度	太阳辐射 照度	地表温度	风速
8：00	廊外院子	5.0	80	19.9	4.2	0.6
	廊	5.0	80	10.0	4.2	0.6
	轩外院子	5.0	80	18.0	4.2	0.6
	听秋轩	5.0	80	8.0	4.2	0.6
	茅亭	5.0	80	6.0	4.2	0.6

时刻	观测场地	气温	相对湿度	太阳辐射照度	地表温度	风速
9：00	廊外院子	6.5	78	112.2	8.5	0.4
	廊	5.8	78	80.0	6	0.4
	轩外院子	6.0	78	100.0	8	0.5
	听秋轩	5.8	78	50.0	6	0.5
	茅亭	5.4	78	20.0	6	0.5
10：00	廊外院子	7.9	65	157.9	11.2	0.3
	廊	6.9	65	100.0	7	0.3
	轩外院子	7.5	65	147.0	10.5	0.5
	听秋轩	5.8	65	35.0	6.5	0.5
	茅亭	5.4	65	25.0	6.5	0.4
11：00	廊外院子	7.9	63	187.9	15	0.1
	廊	7.2	63	70.0	9.5	0.1
	轩外院子	7.6	64	173.0	12	0.3
	听秋轩	6.3	64	38.0	8.2	0.3
	茅亭	5.6	64	30.0	6.5	0.2
12：00	廊外院子	8.6	60	195.8	15.8	0.5
	廊	7.5	60	100.0	13	0.5
	轩外院子	8.4	60	185.0	13	0.7
	听秋轩	6.5	60	45.0	8.5	0.7
	茅亭	5.8	60	34.0	6.5	0.7
13：00	廊外院子	10.5	57	180.4	16.4	0.4
	廊	8.4	57	96.0	10	0.4
	轩外院子	9.6	57	176.0	15	0.5
	听秋轩	6.8	57	42.0	8	0.5
	茅亭	6.2	57	33.0	7	0.5
14：00	廊外院子	10.0	57	143.9	19.4	1
	廊	8.6	57	38.0	11	1
	轩外院子	9.0	57	110.0	15	1
	听秋轩	7.0	57	35.0	7.5	1
	茅亭	6.5	57	24.0	7	1.1

续表

时刻	观测场地	气温	相对湿度	太阳辐射照度	地表温度	风速
15: 00	廊外院子	9.5	60	94.8	16	1.2
	廊	8.2	60	30.0	10	1.2
	轩外院子	9.0	60	86.0	13	1.3
	听秋轩	6.5	60	25.0	7	1.3
	茅亭	6.5	60	25.0	7	1.3
16: 00	廊外院子	8.8	68	42.6	10.3	1.8
	廊	7.5	68	30.0	8.8	1.8
	轩外院子	8.4	68	38.0	9.8	1.8
	听秋轩	5.8	68	20.0	7.2	1.8
	茅亭	6.0	69	15.0	7.2	1.8
17: 00	廊外院子	7.5	71	1.0	7.4	2.2
	廊	7.5	71	1.0	7.4	2.2
	轩外院子	6.6	71	1.0	7.4	2.2
	听秋轩	5.6	71	1.0	7	2.2
	茅亭	5.8	72	1.0	7.2	2.2
18: 00	廊外院子	6.8	74	1.0	7.3	2
	廊	6.8	74	1.0	5.4	2
	轩外院子	6.6	74	1.0	5.4	2
	听秋轩	5.4	75	1.0	5.3	2
	茅亭	5.7	75	1.0	5.4	2

附录4-1　　　　　董坪村村民问卷调查

（1）您已在董坪村居住：

5 年以下（　　）　　　　　　5—10 年（　　）

10—15 年（　　）　　　　　　15 年以上（　　）

（2）您认为当地气候（可复选）：

春季舒适（　　）　　春季不舒适（　　）

夏季舒适（　　）　　夏季不舒适（　　）

秋季舒适（　　）　　秋季不舒适（　　　）

冬季舒适（　　）　　冬季不舒适（　　　）

（3）您现在感觉：

舒适（　　）　　不舒适：热（　　）　　冷（　　）

（4）不舒适感主要是以下哪些方面（可复选）：

闷热（　　）　　潮湿（　　）　　阴冷（　　　）

夏季无风（　　）　　冬季冷风（　　）

（5）您家人均年收入

1000元以下（　　）　　1000—2000元（　　）

2000—3000元（　　）　　3000—4000元（　　）

4000—5000元（　　）　　5000元以上（　　）

（6）您家的主要收入来源

种地（　　）　　养殖（　　　）

药材（　　）　　外出务工（　　　）

（7）您的教育程度

大专及以上（　　）　　高中或中专（　　）

初中（　　）　　小学（　　）　　没受过教育（　　　）

附录4-2　　　　　郑州站前广场测点实测气温　　　　单位：℃

日期	7月6日		7月7日		7月8日	
时刻	测点1	测点2	测点1	测点2	测点1	测点2
8：00	30.1	27.3	29.6	28.5	26.5	26.5
8：30	30.7	27.6	29.8	28.6	26.3	26.6
9：00	33.2	30.5	30.5	29.3	27.7	27
9：30	34.6	33.2	33.6	29.6	28.1	27.4
10：00	35.9	33.6	33.8	32.5	28.9	27.6
10：30	35.7	33.9	39.5	35.6	30.1	29.9
11：00	37.8	34.0	40.2	38.6	33.5	30.3

续表

日期	7月6日		7月7日		7月8日	
11：30	37.9	33.9	41.5	38.1	36.4	30.5
12：00	39.1	37.9	43.6	38.7	37.1	33.2
12：30	40.5	38.9	44.1	39.5	38.8	34.6
13：00	42.5	40.6	44.5	40.2	41.1	38.4
13：30	44.2	41.6	45.2	41.2	42.2	37.5
14：00	43.5	42.5	45.3	39.5	42.9	39.6
15：30	40.6	40.5	42.5	40.2	42.1	37.2
15：00	41.5	40.0	43.5	40.5	40.2	33.5
15：30	39.9	39.2	39.1	40.5	38.5	36.6
16：00	39.6	37.2	38.6	39.5	36.6	35.3
16：30	37.5	37.0	37.2	38.8	33.3	32.0
17：00	37.2	36.8	36.1	37.1	31.5	30.0

附录 4－3　　　　**郑州站前广场测点实测相对湿度**　　　　单位：%

日期	7月6日		7月7日		7月8日	
时刻	测点1	测点2	测点1	测点2	测点1	测点2
8：00	54.2	58.6	55.3	62.1	52.4	58.6
8：30	53.8	57.7	56.7	61.1	51.1	56.6
9：00	53.4	56.2	55.5	58.4	50.5	53.3
9：30	52.4	56.1	54.2	57.3	50.1	54.9
10：00	50.1	52.2	51.2	56.1	46.4	55.0
10：30	51.1	53.1	51.1	58.2	49.2	52.2
11：00	45.1	50.2	49.9	53.3	49.9	51.1
11：30	50.2	50.1	50.2	56.6	47.4	47.7
12：00	41.2	49.9	46.7	54.2	47.9	49.3
12：30	40.3	46.4	47.5	46.4	46.8	48.7
13：00	40.1	46.1	40.1	46.1	45.4	48.9
13：30	37.1	43.9	38.9	43.9	41.1	47.5
14：00	36.3	42.2	38.2	42.2	37.4	40.7
15：30	36.2	40.9	37.7	40.9	39.4	42.3
15：00	35.7	36.6	36.6	36.6	38.2	39.9

日期	7月6日		7月7日		7月8日	
15：30	35.1	39.3	34.2	39.3	33.3	38.8
16：00	35.1	37.1	34.9	37.1	31.2	36.5
16：30	34.9	36.2	36.6	36.2	31.2	35.4
17：00	35.7	36.9	33.5	36.9	33.9	35.5

附录 4－4　　　　　郑州站前广场测点实测风速　　　　单位：m/s

日期	7月6日		7月7日		7月8日	
时刻	测点1	测点2	测点1	测点2	测点1	测点2
8：00	0.3	0.1	0	0.1	0.1	0
8：30	0.6	0.5	0	0	0.3	0.2
9：00	0.1	0	0	0	0.1	0
9：30	0.7	0.4	0.1	0	0	0
10：00	0.3	0.0	0.5	0.2	0	0
10：30	1.7	0.9	0.2	0.1	0	0
11：00	2.4	1.2	0.9	0.7	0	0
11：30	2.2	1.1	1.2	0.3	0	0
12：00	0	0	0	0.1	0	0
12：30	0	0	0	0	2.7	1.1
13：00	0	0	0	0	0	0
13：30	0.9	0	0.7	0	0	0
14：00	0.1	0	1.1	0.3	0.1	0
15：30	0.5	0.1	0.6	0	0.3	0
15：00	2.2	0.0	0.6	0.0	0	0
15：30	2.4	0.1	0	0	1.6	0
16：00	2.9	0.5	0	0	0	0
16：30	2.2	0.9	0	0.0	0	0
17：00	2.4	1.1	0	0.0	0	0

后 记

本书写于 2020 年初，完成于 2020 年末，成书之际，衷心感谢我的老师、同事、朋友、学生和家人一直的鼓励和支持！

首先特别感谢我的博士导师董靓教授，硕士导师汪明林教授和杨国良教授。三位老师对我研究方向的肯定和支持，悉心指导，鼓励和支持我不断尝试，让我在学业完成后能在研究工作中延续与深化，得以成书。

感谢西南交通大学建筑与设计学院沈中伟教授、崔叙教授、杨青娟教授的关心和支持，你们的关心和支持使本书得以逐步充实完备。

感谢张米娜老师对研究工作的支持和帮助。

感谢曾毓朗、付飞、毛良河、徐淑娟、段川、韩君伟、史劲松、李翔、袁艺、聂伟、马黎进、谢梦捷、颜磊、吴彦、杨娟、付红利、李杰等同学多年来一直对我研究工作的帮助和鼓励。

感谢成都市杜甫草堂景区和四川省气象研究中心对调研工作的支持。

感谢四川省彭州市董坪村村民和许多不知名的户外休憩者在问卷调查和数据监测过程中给予的支持和配合。

文中引用大量文献的研究成果，对其作者致以衷心感谢。

感谢为了本书顺利出版而付出辛勤工作的中国社会科学出版社的陈肖静老师和西南交通大学研究生院的老师们。

真诚致谢相识二十余年的老友和家人，你们让我眷念回首，更给予我前行的勇气！